人人都能做出爆款短视频

吕白·著

每个人都有机会在短视频时代改变命运

| 接受 | 拒绝 |

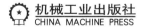

随着以抖音、快手为代表的短视频平台的快速崛起，短视频营销正逐渐成为越来越重要的营销手段。本书从短视频的发展形势以及短视频从生产到引爆的底层逻辑入手，对打造爆款内容的手段、后期制作和短视频运营等方面进行了详细阐述，最后对短视频变现的方法进行了介绍。

本书适合自媒体运营人员、新媒体平台工作人员，以及想通过短视频进行营销的淘宝卖家、个体店家等学习和使用。

图书在版编目（CIP）数据

人人都能做出爆款短视频／吕白著. —北京：机械工业出版社，2020.1（2022.1重印）

ISBN 978-7-111-64682-2

Ⅰ.①人… Ⅱ.①吕… Ⅲ.①网络营销 Ⅳ.①F713.365.2

中国版本图书馆CIP数据核字（2020）第018977号

机械工业出版社（北京市百万庄大街22号　邮政编码100037）
策划编辑：解文涛　　　责任编辑：解文涛　侯春鹏
责任校对：李　伟　　　责任印制：孙　炜
北京联兴盛业印刷股份有限公司印刷
2022年1月第1版第5次印刷
145mm×210mm·7.5印张·38插页·135千字
标准书号：ISBN 978-7-111-64682-2
定价：59.00元

电话服务　　　　　　　网络服务
客服电话：010-88361066　机　工　官　网：www.cmpbook.com
　　　　　010-88379833　机　工　官　博：weibo.com/cmp1952
　　　　　010-68326294　金　书　网：www.golden-book.com
封底无防伪标均为盗版　机工教育服务网：www.cmpedu.com

前　言

（一）

2017年12月，在和一个声音交友App的一次看似普通的合作中，我初次试水短视频。

记得那时候公关公司提案了5次，客户一直不满意，拉我们去讨论。那天到公关公司的时候是下午，他们聊的提案就好像注定了是半成品，最后我说，我们能不能不要那么小家子气，我们能不能做一个有社会价值的活动？

说的时候其实我心里是没底的，因为预算太低了，后来讨论了一个多小时，我们终于定了一个短视频选题：

"万人恋爱盲测实验室"——我们能不能谈一场不看年龄、不看职业、不看收入……的恋爱。

活动发布以后，即使在微博热搜下架的时候，也很快冲到了全平台近亿阅读和近千万的播放，很多大V进行了转发。甚至后来多家电视、媒体跟进报道，最后居然成了公务员考题！

前言

我们以不到 20 万元的预算成功出圈,那个 App 的排名迅速上升。我们的微信公众号后台收到了几百页的留言,几十字、几百字,都在讲自己的经历、感悟,都想参加这个活动,当时我们高兴得整夜睡不着。

那是我第一次意识到短视频的威力。

(二)

第二次是我原来所在公司最开始带我的师姐策划了一个毕业季的片子。

片子讲了一个毕业以后和好朋友渐行渐远的故事。初看这个剧本的时候感觉就图文而言不会大火,播放量最多 10 万+,后来拍出视频上线后,播放量从 1000 到 5000、10 万、20 万、100 万、1000 万,然后到 1 亿、1.5 亿、2 亿!

最后 600 多万点赞,2 亿播放量,意味着每 7 个中国人就有一个人看过这个视频。

这时我才意识到,我写文章最多会有几百万阅读量,已经是行业的前 1%,而短视频是 2 亿播放量,是我的上百倍。

2亿阅读量是我靠图文一生也达不到的高度。

那一刻我意识到,一个通往崭新时代的大门要打开了,短视频可能会颠覆以往所有的传播形式,它可能会有无比巨大的传播力。

那天晚上,我盯着屏幕,想我要不要放弃在一个行业里靠之前努力获取的超高溢价,想我还有没有在一个全新的领域从零开始的勇气,想我还能不能在一个领域里快速成为专家。我还能不能?

然后我出门,抬头看天,数了数星星,然后飞奔起来。

(三)

最终我拒绝了几个新媒体公司副总裁和大公司新媒体负责人的邀请,去了腾讯,参与了腾讯系短视频的从0到1。

我开始真正了解平台,开始从0到1搭建一个平台,开始制定平台规则,开始着手建立内容生态,这时我才发现创作者和平台之间的思维差别就像是马里亚纳海沟的深度一样。

前 言

在和创作者沟通后我发现,其实90%的创作者是不了解平台的,或者说不完全了解平台。

某种程度上他们在揣测平台,他们沉淀下来的10条法则里,可能只有3条是有效的,剩下的7条其实是不用做的。我希望这本书可以帮助大家避免一些无效努力,帮大家找到真正的短视频运营法则。

(四)

在这个时代,有些人曾经默默无闻,但是新的平台让他们一夜爆红、火遍大江南北,成为无人不知、无人不晓的人。有些人一生都很认真努力,但一直不被人发现,一生碌碌无为。

可以说选择行业是至关重要的,所有的事情都是有规律可循的,都是有底层逻辑的,只要能掌握其底层逻辑,就能洞察事情的本质。

安迪·沃霍尔说的"在未来,每个人都有15分钟成名的机会"这句话正在慢慢地被验证。李佳琦、代古拉k、温婉、沈浪、陆超……这些名字相继出现在时代的浪花里,熠熠生辉。

有朋友问这本书的定位是什么，我想了想说，这本书就是古龙笔下江湖里的百晓生，通过对短视频江湖里面各种大侠、各种武功的分析，结合自己操盘的一些案例，提炼出来的纵横短视频世界的一招制敌的绝招。

招数不多，一招足矣。

目 录

前言

第 1 章
短视频未来已来

第 1 节　为什么短视频是未来：5G 改变时代　… 003

第 2 节　短视频是一个世界　… 009

无论你在原来的世界怎样，你都可以重新开始　… 009

代古拉 k 爆红：每个人都有机会在短视频时代改变命运　… 010

第 3 节　算法：揭秘短视频从生产到引爆全过程　… 020

什么是推荐系统　… 021

视频从产生到推荐的流程　… 026

上传视频的审查步骤与雷区　… 027

四大维度：完播率，点赞量，转发量，评论量　… 028

第 4 节　各短视频平台　… 034

抖音/微视：注重运营和干预　… 039

快手：不额外扶持用户　… 040

西瓜视频：短视频版的腾讯视频　… 041

第 2 章
打造爆款内容的七大手段

第 1 节 定位：四大方法明确定位 ⋯ 047

为什么要定位 ⋯ 047

用 SWOT 定位分析法快速定位 ⋯ 048

反差定位法助你快速万粉 ⋯ 054

标签制造法帮你明确定位 ⋯ 057

典故定位法让你独树一帜 ⋯ 058

场景切换法让你快速试错 ⋯ 058

第 2 节 人设：让人物形象更丰满 ⋯ 060

如何让人物丰满：有缺陷，有喜怒哀乐 ⋯ 060

确定行为模式：根据人物档案找到人物特点 ⋯ 062

第 3 节 主页：重视昵称、头像、简介和视频封面 ⋯ 066

昵称 ⋯ 067

头像 ⋯ 069

简介 ⋯ 070

视频封面 ⋯ 071

第 4 节 选题：十大元素法 + 四大选题法 ··· 074

选题的重要性 ··· 074

十大元素法，让用户自愿传播 ··· 075

热点日历选题法 ··· 083

高赞视频选题法 ··· 084

高赞图文选题法 ··· 086

高赞评论选题法 ··· 088

第 5 节 内容：7 个制作步骤 +1 个爆款公式 ··· 092

7 个内容制作步骤 ··· 093

黄金 3 秒 +5 个爆点 +1 个金句 ··· 097

第 6 节 标题：8 种方法取出一个好标题 ··· 100

标题的重要性 ··· 100

取标题的 8 种方法 ··· 103

第 7 节 团队：3 个培训步骤 +2 个管理模式 ··· 112

设置薪酬的规则：搭建一个游戏世界 ··· 113

如何选中候选人 ··· 114

3 个培训步骤：分析爆款，分享，实操 ··· 115

2 个管理模式：1V1，OKR ··· 116

第 3 章
通过后期锦上添花

第 1 节　时长：不同时长带来的影响　⋯ 121

第 2 节　包装：5 种方案，视觉决定体验　⋯ 132

竖屏方式，优化观看体验　⋯ 134

伪竖屏方式，画面占比扩大　⋯ 135

横屏方式，提升沉浸效果　⋯ 137

字幕字体，增强传达效果　⋯ 139

水印处理，宣传恰到好处　⋯ 142

第 3 节　BGM：如何用好 BGM　⋯ 146

第 4 章
通过运营加速度成长

第 1 节　时间：几点发让你的视频事半功倍　⋯ 157

第 2 节　站内：学会抱平台大腿　⋯ 162

怎么抱上热搜的大腿　⋯ 163

怎么巧妙结合话题　⋯ 166

第 3 节　热点：学会加速度　⋯ 168

固定热点：固定热点日历　⋯ 169

突发热点：快速跟随的几种方式 ⋯ 171

第 4 节　社群：怎么把粉丝转化成私域流量 ⋯ 175

第 5 节　留言：短视频是另一个世界 ⋯ 179

怎么运用留言区 ⋯ 180

怎么靠给其他人留言增粉 ⋯ 181

第 6 节　分析：通过复盘把经验变成能力 ⋯ 184

为什么要分析数据 ⋯ 184

常见数据分析平台 ⋯ 190

第 5 章
短视频变现的 6 种方式

第 1 节　广告变现 ⋯ 198

软广视频 ⋯ 202

冠名视频 ⋯ 202

贴片广告 ⋯ 203

代言广告 ⋯ 206

第 2 节　电商变现 ⋯ 208

第 3 节　直播变现 ⋯ 215

第 4 节　课程变现 ⋯ 220

第 5 节　咨询变现 ⋯ 222

第 6 节　出版变现 ⋯ 224

第 1 章

短视频未来已来

人人都能做出
爆款**短视频**

第 1 节
为什么短视频是未来：5G 改变时代

我们处在一个信息爆炸的时代，科技发展之快令人咋舌。

任何时代的技术革新都会带来翻天覆地的变化，也会带来"大洗牌式"的行业更新，热门的行业可能在一夜之间无人问津，新兴职业也可能在一夜之间诞生无数。我们现在正迎来时代给予的科技拐点，5G 技术已经逐渐成形，悄悄地走进了寻常百姓的生活。这将带来巨大的行业变迁，将会淘汰一部分职业、一部分人，同时也会带来新的产业机遇，带来令人难以想象的红利。

几年前，我们听人说，如果在 QQ 刚成立时就注册一个五位数的 QQ 号，现在就可以卖出上万元的价格，很多人对此后悔不已，连说自己为什么没有抓住这个机遇暴富一把。这是一个简单的故事,却告诉我们两个道理。一是代表着未来发展方向的新产业出现时,前期微小的投入在后期都会给你带来巨大的收益。QQ 刚兴起时,你只要及时注册就能抢占很多红利,并且不需要花费多大的成本,这也是人们常说的新兴行业的魅力。二是即使是新兴行业也是有生命周期的,几年前,QQ 火爆时,一个五位数的账号可以卖很多钱,现在却不行了,因为时代已经过去了。这说明,新兴产业都是有发展周期的,必须要抓住对的时间点,站在风口上,才可能有成功的机会。

接下来,一起来回顾一下我们所经历的变化吧!

在 2G 时代,大家用的是非智能手机,选择的通信方式是电话或短信。那个时候,人们认为有手机实在是太方便了,不论多远的距离,都可以相互沟通。那个时代,我们不能忘记的是诺基亚,拥有了它仿佛就拥有了和整个世界联系、沟通的窗口。那时最好的手机的标准是:待机时间长,信号好,使用寿命长。

很快便到了 3G 时代,宽带上网成了 3G 手机的一个很重要的功能,我们能在手机上收发邮件、写博客、聊天,手机办公成为现实。我们还可以通过 QQ 的视频聊天功能与远方的亲人、朋友"面对面"聊天。那时,人们不仅可以通过 QQ 的对话框交流情感,"偷菜"的小游戏也是"你来我往"的沟通方式，两个人亲不亲，就看舍不舍得半夜定闹钟来偷你的菜！那个时候，娱乐方式是简单的，但是快乐是很充盈的。

而代表 4G 时代的就是智能手机，智能手机也带火了微信。相比 QQ，微信更加讲究即时通信和智能应用。在通信上，它更强调当下和立刻，所以很多人会在微信上完成工作沟通和情感交流。另外微信支付、第三方软件以及后来的小程序都为它加分不少。4G 时代，我们的生活越来越便利，"手机在手，天下我有。"

现在，5G 时代已经到来，各个国家都在努力发展 5G 技术，我国在 5G 技术发展方面名列前茅。随着 5G 时代的到来，新的设备也一定会出现，占据我们的生活。虽然目前我们还无法预测这种设备是什么，但相信在不远的某一天，大家是可以看到的。

可以肯定的是，在 5G 时代，短视频一定会火，它自然而然成为移动互联网时代的"现象级"风口。

《2019 中国网络视听发展研究报告》显示，截至 2018 年 12 月，中国网络视频（含短视频）用户规模达 7.25 亿，占网民总数的 87.5%。2018 年整个视频内容行业的市场规模收入为 1871.3 亿元，作为视频产业的"生力军"，短视频市场增速最快，从 2017 年的 55.3 亿元增长到 2018 年的

467.1亿元，同比增长744.7%。

这些数据说明短视频行业有着巨大的市场与潜力，人们对短视频的看法也在逐渐发生变化。2019年8月24日，《新闻联播》入驻抖音和快手，可谓一石激起千层浪，它在个人信息界面写着年龄41岁，星座摩羯座，让人大呼接地气。而随着国脸李梓萌在快手上说"快手的老铁们，你们好！"瞬间让人感觉不一样了。短短几天的时间，《新闻联播》在两个平台的粉丝都突破了2000万，这也从侧面反映出大众对《新闻联播》的认可度。一向严肃的国脸也开始吐槽讲段子，《新闻联播》也在适应短视频平台的节奏，把自己向年轻化的方向打造，可见短视频平台的影响力有多大。

因为短视频代表的就是5G时代的一种沟通方式。在5G时代,流量和网速已经没有了障碍,人们可以轻松地用短视频来进行沟通,表达自己的喜怒哀乐和情感。

无数的例子已经证明,短视频可以说是现在最接近5G的东西。如果你想抓住时代的机遇,那么请你抓住短视频!短视频代表的就是未来的世界!

时代的发展如滚滚洪流,势不可挡。作为大时代下每一个微小的个体,都应当紧紧拥抱时代。而短视频将成为这个时代一种新的表达方式,对于此我们要理解接受,并且去掌握它、驾驭它。

在这本书中,我会教你如何拥抱短视频,拥抱这个时代。

第 1 章 短视频未来已来

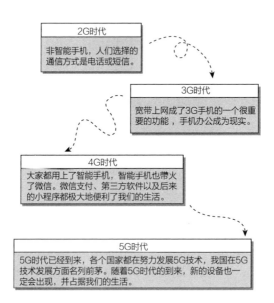

可以肯定的是，在5G时代，短视频一定会火
它自然而然会成为移动互联网时代的"现象级"风口

短视频行业有着巨大的市场与发展潜力

第 2 节
短视频是一个世界

无论你在原来的世界怎样,你都可以重新开始

你以为短视频就只是一个个 App?只是我们无聊时的消遣工具?不!没那么简单,它还代表着这个时代的沟通交流方式;它还代表着时代的发展方向。同时它也在记录这个时代,因为它本身就构成了一个世界,这个世界里只有你想不到的,没有不存在的。

这是一个可以让你重获新生的世界,这里能让你获得财富,也能让你的人生再来一次。目前,抖音加快手的日活跃用户量已经突破 5 亿,月活跃用户量已达到 10 亿。

代古拉 k 爆红：每个人都有机会在短视频时代改变命运

曾经的代古拉 k 只是一个普通的学生，入驻抖音之后 21 天涨粉 800 多万，一个跳舞视频直接摘得抖音播放量和涨粉量榜首。代古拉 k 的甩臀舞音乐成了她的专属成名曲，她也凭借 2300 万粉丝登上《快乐大本营》，曾经，参加《快乐大本营》的绝大多数是文体界的明星，而现在素人也可以通过自己的努力登上这个舞台。

　　李佳琦之前只是欧莱雅的一个普通彩妆师，起步工资仅有 3000 元，努力工作也只能挣到 4000 多元。而现在，通过在短视频平台上的曝光，他成为口红一哥，与马云较量卖口红，"OMG""买它买它"等口头禅火遍全网。如今，他已经成为行业内的领军人物，入行不到一年，收入达到千万元。在没接触短视频之前，他只是一个非常普通的人，而经过短视频的放大、包装、传播、宣传之后，他仿佛已经成为一个神话，不仅被众多粉丝追捧，也创造了一个又一个的商业神话。他的故事告诉我们，对于现实生活中的职业技能，在短视频的世界中会给你一个重新展示的机会。短视频是个放大镜，可以无限放大你的优点，给你提供无限大的平台，让你创造无限可能。

快手上的"大胃王猫妹妹"号称快手最强吃播，靠直播吃东西吸粉 2500 万，年收入达到百万元。看她的视频，起初会被她的颜值吸引，你不会认为它是一个吃货，因为她真的很苗条。但你每次看她吃饭都是一种享受，她很安静地吃东西，不是给人大块朵颐的快乐，却让人感到很安稳、很贴心。吃是一件很简单的事儿，吃东西人人都会，可没有短视频的放大和传播，能吃出百万元的收入吗？短视频就可以给你这个机会，即使你没有特殊技能，但只要有特点、有特长，这里都会给你提供全新的空间，让你重新选择自己的生活，并把选择生活的权利留给你自己。

"大师在流浪，小丑在殿堂"，一句简单的话就让沈巍一夜爆红。沈巍本来只是一个普通的流浪汉，但他的气质、他说的话让他吸粉无数，瞬间火遍全网，人人皆知。短视频就是这样给人提供机会，这里不仅仅是一个平台，更是一个世界。

这里不仅有博主们的"野蛮生长",还有抖音官方给大家的承诺。2019年8月24日,在首届抖音创作者大会上,抖音总裁张楠宣布推出创作者成长计划,"在接下来的一年里,要让1000万创作者赚到钱。"抖音会给创作者更多的流量支持,在未来,专业创作者将能得到更多来自粉丝和同城的流量。

同时,这也是一个重新建构的世界。在这个世界里面,现实生活中形形色色的人都会出现。

在短视频这个世界里,不仅有厨师教你做菜,还有魔术师教你变魔术,还有调酒师给你展示调酒的技法……在这里,他们会发挥特长,继续扮演着他们生活中的身份,还会给你很多意想不到的惊喜,为你揭示平日里你所不了解的内幕,很多困惑在这里都会得到完美的解答。

除此之外,短视频这个世界还构筑了远古神话体系,传说中的那些人物在这里也可以看得到。"月老玄七""孟婆十九""仙女酵母",他们不仅仅经营着这个人设,还会告诉你生活中的道理。"月老玄七"为人答疑解惑,教你如何谈恋爱,如何过好两个人的生活;还可以带你穿越三界,让痴男怨女们看到被他们忽视的真相,从而告诉你应该如何关心彼此、体贴彼此。"孟婆十九"会告诉你,如果有亲人不幸去世,你应该如何调整心情,如何拥有良好的心态,继续坚强地活着。"仙女酵母"在一个神秘的古堡中工作,每天都会接到不同人打来的电话,虽然打电话的人不同,但讨论的都是我们的身边事,让人感觉很接地气又带点神秘玄幻的色彩,非常好地建构了不一样的世界。

除了这些,快手上还有著名的"四大闲人":"水滴石穿""铁棒磨针""精卫填海""愚公移山"。

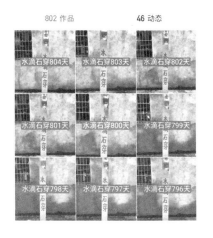

第1章 短视频未来已来

"水滴石穿"的内容是每天用水去滴一块石头,每次的视频展示的是不同时候的效果,博主也不去说什么,就让你看滴水的视频。"铁棒磨针"是每天都发磨铁棒的视频。这些都是我们日常所能见到的简单到不能再简单的事情,但当你把这些简单的事情坚持下去之后,就给它们赋予了新的意义,用户也会从这些简单的行为中有所收获。

短视频的世界奇妙就奇妙在它的广阔性、包容性上。在这个世界里，你的生命不再用脚步丈量，而是用你的眼界去衡量。

安迪·沃霍尔说过："在未来，每个人都有15分钟成名的机会。"

也许你以前不相信他的这句话，但是现在短视频真的可以给你提供这个机会，就看你能不能把握住，是否可以利用这15分钟甚至更短的时间把自己展示出去，推向整个世界。

短视频世界会给你很多意想不到的惊喜和机会，在这里你并不需要在现实生活中多么成功，更需要的是一颗不断上进想要改变自己的心；在这里你可以抛弃曾经的一切，从头开始。

这个世界包罗万象，几分钟之内就可以让你感受到人世间的百种滋味，酸甜苦辣咸应有尽有。在这个世界里你不仅是旁观者，也可以是参与者，因为你本身就是这个世界中的一员！

短视频是一个世界
这个新世界里有什么

曾经的代古拉k只是一个普通的学生，入驻抖音之后21天涨粉800多万，一个跳舞视频直接摘得抖音播放量和涨粉量榜首。同时，她也凭借2300万粉丝登上《快乐大本营》。

李佳琦之前只是一个普通彩妆师，起步工资仅有3000元。而现在，通过在短视频平台上的曙光，他成为口红一哥，与马云较量卖口红，入行不到一年，收入达到千万元。

"大胃王猫妹妹"号称"快手最强吃播"，靠直播吃东西吸粉2500万，年收入达到百万元。她会很安静地吃东西，不是给人大块朵颐的快乐，却让人感到很安稳、很贴心。

"大师在流浪，小丑在殿堂"，一句简单的话就让沈巍一夜爆红。沈巍本来只是一个普通的流浪汉，却因为气质、谈吐而吸粉无数，瞬间火遍全网，人人皆知。

短视频代表着这个时代沟通交流的方式
代表着时代的发展方向
同时它也在记录这个时代
因为它本身就构成了一个世界

2019年8月24日，在上海举办的首届抖音创作者大会上，抖音总裁张楠宣布推出创作者成长计划："在接下来的一年里，要让1000万创作者赚到钱。"

短视频这个世界还构筑了远古神话体系
传说中的那些人物在这里也可以看到

"月老玄七"　　　"孟婆十九"

"仙女酵母"
抖音"远古神话世界"

快手上还有"四大闲人"
当你把简单的事坚持下去之后
就为它们赋予了新的意义
用户也会从这些简单的行为中有所收获

"水滴石穿"　　→　"铁棒磨针"
　　　　　　　　　　"愚公移山"
"精卫填海"

快手"四大闲人"

"在未来，每个人都有15分钟成名的机会。"

第 3 节
算法:揭秘短视频从生产到引爆全过程

相信你一定听过这句话:"抖音五分钟,人间一小时。"

本想在抖音上只看五分钟,结果刷着刷着一小时就过去了,再一眨眼,又一小时过去了。本想利用碎片时间放松一下,可发现把做正事儿的时间也放松掉了。

每次发生这种情况,你都会特别懊恼,信誓旦旦地说下次一定不这样了,说五分钟就五分钟,一分钟也不多。但等到下次再打开抖音时,依旧是"抖音五分钟,人间一小时",除了大喊一句"真香"之外,仿佛什么也做不了。

抖音短视频究竟有什么魔力呢?是什么让你如此欲罢不能呢?

这就要聊到它的推荐算法。

什么是推荐系统

短视频的设计很"人性化",它比你更知道你喜欢什么,也更知道怎样让你上瘾,让你根本离不开它。美国著名心理学家尼尔·埃亚尔在他的著作《上瘾》中提出了"成瘾模型",一切的欲罢不能都逃不出这个模型,让你成瘾只需要四个步骤:触发、行动、多变的奖励、激发投入。我们就按照这个模型来看看短视频是怎样让你成瘾的。

现在很多人点开抖音已经成为习惯性、下意识的动作,坐车上班时习惯性打开,等朋友时习惯性打开,在餐厅等位置时习惯性打开。在无聊的时候,打开抖音已经成为习惯,而这种习惯就是成瘾的第一步"触发"。点开之后我们就会自觉"行动",进行选择性的筛选。看到我们喜欢的内容会看完、点赞甚至留言。而对于不喜欢的内容则快速划过,甚至有的会被直接设置为不感兴趣。

在"行动"这个环节,我们在不停地做着选择,不停地在看、在行动,渐渐地选出我们真正感兴趣的内容。

接下来就是"奖励"环节,这种"奖励"是在上一步"行动"中所获得的,奖励的形式可能不尽相同,可能让你开怀大笑、可能让你获得感动甚至让你获得某些启发。而且这种奖励是即时性、快速性的,短视频的时长是 15 秒到 1 分钟,在短暂的时间内给你奖励,效果十分显著。获得多种形式的奖励之后会刺激你"激发投入",想尽快地去寻找下一个奖励,获得下一份开心。总之这是一个非常完美的闭环,自从打开之后,会不断给你感官和内心上的刺激,让你不停地去寻找,时间就在这手指一滑又一滑中溜走,溜得是那么轻轻松松而不露痕迹。

在上瘾的过程中"奖励"是最关键的环节,这个奖励是使用户继续刷下去并不知疲惫的动力。那么"奖励"环节刷到的视频都是随机出现的吗?不是!!平台当然不会那么傻,这么关键的环节当然是精心设计过的,下面我们就以抖音为例,来看看它在"奖励"环节中隐藏的逻辑吧。

马斯洛在 20 世纪 30 年代提出的"需求层次理论",指出人类生存从低到高有五种不同的需要,其中最先要得到满足的就是生理需求。同样在抖音中最先让你看到的就是满足你生理需求的漂亮小姐姐和帅气小哥哥了。"帅哥美女千千万,抖音快手占一半",生活中我们没有机会见到这么多帅哥美女,在短视频的平台上全部满足你,刷一会儿抖音让你阅美无数,保你睡觉都能流出口水。

帅哥美女是吸引眼球的第一步,欣赏过后可爱的萌宠、萌娃便来了。你会发现抖音上的萌宠都能听懂主人的话,不仅能帮主人买菜、买药,让它们做什么都可以。抖音上的萌娃也都是要多可爱有多可爱,他们有的调皮、有的聪明,不论怎样总有一款适合你。

看过萌宠、萌娃放松身心以后就要看些有价值的了,接下来家国情怀、人生意义便轮番登场。你会看到解放军战士辛苦的训练、三军仪仗队整齐的阅兵仪式,看到这些你会由衷感叹国家强大起来,爱国之心瞬间爆棚。除此之外你还会看到一些温情满满、充满正能量的视频,会让迷茫中的你更加坚定人生方向,坚定自己的人生选择。

接受精神上的洗礼后也该吃吃喝喝放松下自己了,各路吃播、大厨便轮番登场。看到美食馋了也想吃,没问题!

业内大厨教你做，精炼的教学技法、秀色可餐的美食，让你既享受到美食还能学习新技能。

吃吃喝喝、开开心心之后便要追求诗和远方了，各路人生导师轮番登场，给你指明方向，让你的人生不再迷茫。

看了这么多也该来几首音乐放松一下身心了，里面有轻音乐放松、流行音乐洗脑，给你的眼睛放会儿假，让你的听觉沉浸在音符的海洋里。

不知不觉中一个循环便过去了，接下来新的循环又在不知不觉中开始。所有的安排只有一个目的，就是让你上瘾、欲罢不能。看完是不是感觉被这个套路安排得明明白白？

除了流水线版的推荐系统之外，抖音还根据用户的不同喜好，为每位用户私人定制了他们喜欢的内容。这也是抖音的核心功能之一——算法。

算法是什么呢？它给所有的视频打上多个标签，通过大数据分析你的喜好，然后把你所喜欢的内容精准投放给你，让你一点开就可以看到你喜欢的东西。基于此，抖音首先将所有的视频分为二十四大品类，如情感、搞笑、美食、汽车等。这是一级分类，下面还会进行二级分类，举个例子，在一级分类里的搞笑类，在二级分类下面又分为搞笑段子、搞笑情景剧等。在这些二级分类下面还有各种各样的标签，比如反转、戏精、直男、高颜值男、高颜值女等。所有的视频都被这样一级一级分类，最后打上了多个标签，你的所有喜好都会通过一级一级的分类和多个标签反映出来。

举个例子来说，比如2019年7月"维维啊"涨粉617万，我们就来"盘"他一下。"维维啊"的疯狂涨粉来自于7月1日发的一条《特意点了一桌子绿菜，也不知道我做得对不对！》，到现在已经有492万点赞，内容是维维在餐厅点餐，点的所有都是绿色的蔬菜，以此来暗示哥们儿被绿的事儿。首先可以判定这条视频的品类是搞笑类，二级分类为搞笑情景剧，可以贴上的标签有被绿、戏精男、暗示、吃饭等。

所有的视频都是这样，视频上传到平台后会被进行分类、打上标签，算法会利用大数据把这些短视频精准地投送给喜欢的人，保证精彩的视频不会被喜欢的人错过。

视频从产生到推荐的流程

上面是从用户角度来看推荐系统和标签,那对于视频生产者来说,视频从产生到推荐需要经历哪些流程呢?怎样能让自己的短视频也一夜爆红呢?

首先是对剧情内容的编创,先要给自己拍摄的内容定下三个标签,注意内容要有起承转合,短视频的优点就在它的短和快上,第一眼就要抓住观众的眼球,建议开头直接进入高潮。确定好内容后就可以进行拍摄了,有条件的可以用家庭 DV 甚至是专业级的摄影机，没有条件的话用手机也是完全可以的，应对这些拍摄完全没问题。拍摄之后要进行后期处理，后期处理涉及剪辑、BGM 的添加，这些内容后文都会详细讲解。

上传视频的审查步骤与雷区

上传的视频首先要经过官方的安全审查，检查里面有没有政治问题、有没有违背法律法规的内容、有没有不适合未成年人观看的内容等。还有要注意几类关键词是不能出现的，不文明的网络用语不能出现在短视频中；疑似欺骗用语也是不行的，比如"恭喜获奖""全民免单"等；诱导消费语言"再不抢就没了""万人疯抢"等也是不行的；淫秽色情、暴力用语也不能用。

通过安全审查之后便是质审，质审顾名思义就是质量审核，检查视频的质量。检查视频的时长是否大于七秒，视频的清晰度如何。还要注意常见的视频比例，横屏的是 16:9，竖屏的是 9:16。

质审通过后是标准化审核，标准化审核是把视频打上各种各样的标签，用户在看的任何视频背后都贴着许多标签。算法会把这些标签进行精准的整合和分类，提炼出用户所喜欢的标签。

所有审查结束之后就是激动人心的"试水",试水就是把你的视频分发给小部分人看,看大家的反馈如何,如果反馈效果好则会推给更多的人,进入到更大的池子,获得更多的流量,如果反馈不好的话就此凉凉。这就是很多网红一夜爆火的原因。短视频不同于公众号阅读量很依赖公众号的关注基数,如果你的短视频内容足够精彩,会不断地被推荐给越来越多的人,就像滚雪球一样,雪球会越滚越大。在小池子中"试水"是视频成为爆款的第一步,什么样的"试水"结果可以使短视频进到更大的池子里呢?都有哪些标准呢?

四大维度:完播率,点赞量,转发量,评论量

判断标准有四大维度,分别为:完播率,点赞量,转发量,评论量。完播率是看完整个视频的人数与总观看人数得出的比值。这四个指数都很重要,爆款视频一般是四项指数都很高。所以我们在拍摄视频时候就要考虑怎样可以吸引观众看完整个视频,看完之后怎样引导观众留言并参与讨论,讨论完之后还不忘记点赞和转发,每一个环节都精心设计后,你的作品离爆款也就不远了。

在"试水"阶段，首先会把你的视频放到一个种子流量池里，这个流量池大约有300人，放入之后会对这300个用户的反馈做评估，评估的依据就是我们说的完播率、点赞量、转发量、评论量。如果效果好的话就会放到初级流量池里，初级流量池的用户数则是1万到10万不等，考察的标准也是类似的，给更多的用户推荐也就代表了拥有了更多的机会。反馈好就可以进入下一个流量池，后面还有10万~100万用户的中级流量池、100万~1000万用户的高级流量池、1000万以上用户的S级流量池，还有最高等级的全站都推送的王者流量池。可以说做到了王者流量池就绝对是人生赢家了，想想铺天盖地都是你的视频，大小博主都来疯狂模仿你，数粉丝数到手抽筋，绝对是做梦都会笑醒的生活。

进入王者流量池当然是每个人的目标，但其难度是相当大的，都说众口难调，也的确很难做出让所有人都满意的视频。所以一般来说作品超过100万的播放量，进入高级流量池就算视频很成功、已经火起来了。如果视频能达到1000万的播放量，点赞量很容易破15万，转粉率最少可以有2万或3万，如果内容比较好转粉5万、6万也是完全没问题的。

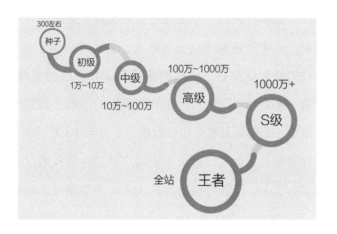

实际操作中我们还遇到过这样的情况，我们发布同样的内容，第一次发布时点赞量和转发量都很少，只有区区几百，但第二次发布却火了，点赞量上百万，这是为什么呢？难道是平台做手脚了吗？并不是的，我们刚才提到视频能不能火是要经过一个又一个池子的，如果视频在前面池子的反馈不好是不会进入下一个池子里的。而重新发一遍视频依旧是这个过程，但是看这条视频的用户却变了，因为每次"试水"都会推给不同的用户。所以很可能因为第一次推送的用户不太喜欢其中的内容，但是第二次推送的用户却都很喜欢，一个池子一个池子地晋级，最终这条视频火了。

除了精心设计，也给大家介绍一个获取流量的方法，是抖音官方推出的功能"抖加"，"抖加"就是通过付费从而获得更多的浏览量，可以理解为广告的一种形式，花钱打广告获得更多露面的机会。"抖加"该是怎么操作呢？

打开抖音后，找到想推广的抖音视频，在视频播放界面中点击右下角的"转发"按钮。第二行最右滑到"抖加"功能，点击"抖加"。接下来会进入订单页面，在这里100元钱可以获得5000播放量，200元可以获得10000播放量。同时要注意卡好点，不要一股脑儿把钱都投进去，要精准地计算好进入下一个池子所需的流量，我们要做的只是推波助澜。能进入下一个池子，就意味着免费获得了更多的流量，并且也代表可以获得更多的机会。另外要注意精准投放，要选择自定义方向或达人相似粉丝投放，这样投"抖加"的效果是最好、性价比也是最高的。"抖加"起的是锦上添花的作用，关键还是要在视频内容上下功夫，如果视频内容不行，即使有"抖加"让你的视频进入下一个流量池，但你的标指标不行，还是无法火的。投"抖加"的内容不能违法、不能在站内搬运其他用户的视频、不能长时间展示商品。"抖加"也是有时效性的，要在视频刚发出去不久就使用"抖加"，如果使用得太晚，效果也会大打折扣，视频很难进入下面的流量池。

算法是科技进步带来的产物，不仅能带给你"抖音五分钟，人间一小时"的体验，还能精准了解你的喜好，做最懂你的人，同时你也可以利用好这个工具把你的视频推广出去。要记得视频火遍全网会经过一个接一个池子的晋级，我们要去了解平台思维，去解析视频爆红背后的原因。

这是最好的时代，因为这个时代给你提供给了一夜爆火的机会，不需要经历公众号时代大量积累粉丝的阶段。在短视频时代，只要你的内容足够优质，一夜的时间就足以火遍全网。无数的案例已经证明了这点，那么对于现在的你来说，最重要的就是了解相关的知识，在短视频的时代扬帆起航，跟随我去做短视频时代人人羡慕的弄潮儿吧！

成瘾只需要四个步骤：触发、行动、多变的奖励、激发投入，短视频平台便很好地利用了你的"弱点"。短视频平台针对用户的特点为大家安排了很多流水化的推荐，同时也根据大家的喜好为大家私人订制了专属喜欢的门类，同时我们也可以对这些算法加以利用，努力把我们精彩的作品推销出去。

推荐算法
短视频从生产到引爆的全过程

美国著名心理学家尼尔·埃亚尔
在他的著作《上瘾》中提出了"成瘾模型"

▶ ▶ ▶

触发　行动　多变的奖励　激发投入

- 无聊时，打开抖音已经成为了习惯，而这种习惯就是成瘾第一步"触发"。

- 我们看到喜欢的内容会看完、点赞甚至留言，不喜欢的内容则快速划过。在"行动"这个环节，我们在不停地做着选择。

- 奖励的形式可能是让你开怀大笑、获得感动，或是让你获得某些启发。这种奖励是即时性、快速性的，短暂时间内的奖励效果十分显著。

- 多种形式的奖励会刺激你"激发投入"，让你想尽快地寻找下一个奖励，获得下一份开心，停不下来。

抖音会根据用户的不同喜好
为每位用户私人定制他们喜欢的内容
这就是抖音的推荐算法功能

```
抖音会先将所有的视频分为二十四大品类。
    情感    美食
      搞笑    汽车……
```

```
然后，进行二级分类，如"搞笑"会分成
搞笑情景剧  搞笑相声    ……
      搞笑影视剧   搞笑段子
```

```
在这些二级分类下面还有各种各样的标鉴
    反转   戏精   婆婆
            直男   暖男……
```

上传视频后
要经过官方的审核流程
官方审核没有问题才能成功发布

质量审核

安全审核　　　　　　　　**标准化审核**

```
是否涉及政治问题？
是否有不文明网络用语？       通过算法提炼标签
是否有疑似欺骗用语？         将每个视频都打上
是否有诱导消费语言？              标签
是否有淫秽色情、暴力用语？
```

所有审查结束后，就是激动人心的"试水"
试水是把你的视频分发给小部分人看
如果反馈效果好，则会推给更多的人
视频将进入到更大的池子、获得更多的流量

完播率　　　　点赞量

转发量　　　　评论量

这四个评估维度的数据
就可以决定视频是否能进入更大的流量池

033

第 4 节
各短视频平台

现代生活中人们已经离不开手机,"可以让我一天不吃饭,但决不能让我一天不看手机",相信这已经成了很多人的真实写照,而在玩手机的时间里,花在视频 App 上的时间也越来越多。曾几何时,能看视频的网站仅有几个,虽然不多,却少了让人选择的烦恼。而现在,各类视频 App 层出不穷,有看短视频的,有看长视频的,更有专门看直播的软件。而且每一类里面都有好几大巨头供你选择,真是乱花渐欲迷人眼,让人不知所措。很多时候想看视频都不知道应该用哪个 App 好,我们不妨给这些 App 分分类、排排序,看看它们都有什么优点和缺点。

首先,我们来看下面这张图,别看它很简单,却几乎把市面上各类视频 App 都涵盖进去了。看这张图，横轴代表的是社交性，越往右即社交性越好、社交程度越高，代表用户之间的互动性就越强；纵轴代表的是媒体性，纵轴的数据越高，代表媒体性越强，即可以更快、更迅速地获取资讯以及相关权威信息。

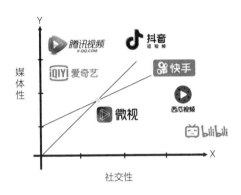

先从长视频类 App 看起，我们发现爱奇艺、腾讯这些长视频 App 都出现在了图表的左上方，代表着它们的媒体性都很高，但是社交性很低。它们发挥的更多是资讯平台的作用，主要业务是发布电视剧、综艺、电视节目，比如《奔跑吧兄弟》《快乐大本营》《向往的生活》《亲爱的，热爱的》等。然而，这些 App 的用户和用户、用户和发布人之间的互动效率是很低的，即使有互发弹幕，但相关的回应也并不是很及时，这就说明它们的社交性是比较弱的，人们使用这样的 App，通常都是作为获取信息的媒介。

下面，我们再来看一下右下角的西瓜视频、哔哩哔哩这类App，与长视频不同的是，这类App的社交性做得很好，而媒体性则相对较差。这两款App更多以用户自发上传内容为主，上传的视频都是短视频，适合用户在空闲的时间观看，并且用户与用户之间的互动、反馈做得非常好。在哔哩哔哩上，70%的内容来自用户自制或原创，它目前拥有超过100万活跃的视频创作者，里面很多二次元相关的内容都有着极大的用户群体，大多都是青少年，他们开心地在这里交流、讨论问题，这里就像是一个很大的青少年交友互动社区，从这个角度来说，它的社交性做得非常成功。但它的媒体性就相对较弱，即使人们对热点事件有兴趣，想了解第一手的消息也不会在哔哩哔哩获取，这里更多的是对热点的吐槽与反馈。

分析完左上角和右下角的视频App，继续看这张图，我们会发现快手和抖音出现在图的中部，这代表着这类App的媒体性和社交性都比较强。在短视频App上，用户与用户、用户与发布者之间的互动很多，作者发出作品后，都非常期待用户在下面留言，以此提高互动率。用户留言之后，还会关注其他用户的评论，相关的互动率会越来越高。这些短视频App的媒体性高的原因，体现在发布者身上，如相关的媒体机构运营的短视频账号会把相应的资源搬运过去，就像"央视新闻"会发布相关的资讯内容，如果发生重大的新闻事件也会持续关注、保持更新，建国70年大阅兵、2019篮球世界杯开幕等重大新闻都在跟进报道。在抖音平台上，"央视新闻"用户关注量已经超过三千万，巨大的用户基数也从侧面说明了其影响力。短视频时代，每个人都是记录者，事件的亲历者可以在第一时间记录看到的瞬间，在第一时间就传递出。四川凉山发生火灾时，记者还在前往现场的路上，当地的村民在第一时间就发布了现场情况，有了广大的用户基础也就代表拥有了广大的群众信息。

经过对比这几类视频App，你应该就能知道为什么说短视频App是非常有潜力的了。它的社交性和媒体性都很好，在未来的发展中有巨大的潜力。

而快手和抖音两大App又有哪些不同呢？一起来分析一下。

在分析之前，我们先来理清几个概念，分别是PGC、PUGC和UGC。

PGC指专业生产内容，其生产者有很强的原创能力，作品制作精良，多数为团队运营。非常火的papi酱的视频就是团队运营的，他们有着较高的内容策划水平和制作水平。

UGC指用户生产内容，更多的是用户自己简单地制作，没有太高的原创能力。

而PUGC则介于UGC和PGC之间，其生产者拍摄的内容会好于UGC但是还达不到PGC的水平，有一定原创能力，但拍摄内容还达不到爆款效果。

根据观察发现，抖音中的视频更多是PGC和PUGC相结合，而快手多是UGC。这说明抖音制作者当中，有相当部分都是专业团队。而快手是以普通人记录生活为主，少了一分设计感，更多地去体现生活的真实状态。从两个App的口号就可以看出来这点，抖音的口号是"记录美好生活"，记录的是美好生活，美好的生活不同于真实的生活，但却是我们所向往、追求的生活，寄托了人们的美好追求；而快手的口号是"快手，记录世界 记录你"，不管你是谁，不管你是什么身份，你都值得被记录，因为你也是这个世界的一部分，有了你，世界才变得更加精彩。我们看抖音可能更像是在看一台晚会，里面的内容都很精彩，可以在下面点赞、评论；而快手更像一个市场，它强调让我们每个人都去寻找，去找到属于每个人真正的归属感。

抖音的用户更多是一二线城市的年轻人，占比达到

52%,流量高峰期在晚上 8 点到 11 点,而快手相对偏向于三四线城市的受众,占比达到 64%,流量高峰期主要从晚上 6 点到 9 点。但不管你在什么城市、身处何方,都有 App 为你提供展示自我的机会和平台。从用户群体来讲,抖音的女性用户偏多,快手的男女用户比例达到 54:46。对于抖音用户来说,更突出的认知是有趣、很潮、年轻;对快手用户来说,更侧重于有趣和接地气这两个标签。从影响用户下载渠道看,社交网络和熟人推荐是快手和抖音最重要的新用户来源。相较于快手,抖音的社交网络拉新比例更高。饭后和睡前是快手和抖音用户最多使用的场景。

抖音/微视:注重运营和干预

抖音和微视在运营上更强调平台的强控制,属于一个信息找人的过程,用户看的大部分内容都是系统推荐的。系统根据算法为你精准推荐,推荐的视频都是经过试水有较高点赞率、留言率的。抖音强调平台推荐,如果一个内容真的很有价值,在短时间内就会有一个又一个的点击量,阅读量、点赞率、留言率也都会成倍增长,进而成为爆款。而快手强调的是弱管控,属于人找信息的一个过程。快手给用户更多自由的空间,可以自由寻找自己真正喜欢的东西,会更多为你推荐你的关注人发布的内容,让你有更多的时间看你想看的东西。

抖音点击进去，最上面的分别是"推荐"和你所在城市的名称。在"推荐"中可以看到算法给我们推送的内容。你所在的城市是什么，在推荐旁边显示的就是什么，比如你在北京，那这个地方显示的就是北京。点击进去之后你就可以看到附近的人发布的内容，上面还会显示发布人和你的距离，没准你很喜欢的小哥哥或小姐姐就在你身边呢，还不去找找看。

抖音的首页右侧有发布者圆形的头像图标，点击进去可以看到作者曾经发布的视频和个人简介，点击关注后，作者更新的内容会出现在关注里。首页的侧面还有点赞、留言、转发这些和作者互动的各种方式。在下面，有首页、关注、消息和我四个选项，在首页界面中可以看到播放的视频；关注界面里是你关注的人，你可以在这里及时看到他们更新的内容动态；在消息界面中，你可以看到与你有关的动态，比如别人给你点赞、留言、评论；个人主页中则是你的简介，以及你发布的、点赞的各类视频等。

快手：不额外扶持用户

这也就是我们常说的快手粉丝比抖音粉丝更值钱，因为快手积累一个粉丝更不容易。在抖音的强管理模式下，一个视频成为爆款就会为主播增粉很多；但是在快手上就不会这样，快手中信息流动速度相对较缓慢，用户找信息的时间和机会是有限的。就像有人说在抖音上如果要将一个账号的粉丝运营到百万，可能仅需要一个月；但在快手上可能需要整整 900 天。抖音的模式强调中心化，以它的算法为核心，希望大家看到更多火的视频，它更强调内容；而快手则是去中心化，更多强调每个人的主观意识，更加强调人的价值，这也是抖音可以造就很多现象级网红，而快手粉丝更值钱的原因。

快手最上面的是同城、关注、发现三个选项。同城和关注与抖音类似，发现和抖音的推荐是一样的，为你推送你关注的作者和你喜欢的视频。右划里面有一些基本的设置，可以查看动态、消息、私信，还有查找等。

抖音和快手两个软件虽然说按键分布的位置和具体的名称有小小的区别，但功能上是很相似的，拥有了这两个 App，仿佛就可以把整个世界抓在手上。

西瓜视频：短视频版的腾讯视频

说完了短视频届的两大巨头，还想和大家聊点其他的，那就是西瓜视频，我还是比较看好西瓜视频的。西瓜视频的定位是短视频版的腾讯视频，这个 App 里的内容都是一些精简的内容，也按照各大品类进行了分类，满足人们不同的需求偏好。在西瓜视频的首页，最上面是关注、推荐、影视、游戏等具体的品类，每个品类里面都有大量的短视频。西瓜视频也有着强大的算法功能，会通过你观看各种视频的时长和互动来找出你真正喜欢的类型，这些视频最终都会出现在推荐列表里，一刷新就可以刷到。西瓜视频的定位也是以短视频内容为主，这很符合这个时代的发展趋势，人们娱乐的方式越来越多，空余的时间也越来越零散化、碎片化，这正好符合短视频的传播方式。西瓜视频里的很多内容都是电视剧和综艺节目的精简版，更好地突出了节目内容，笑点和爆点也都更加集中，更符合人们的观看习惯。

这是一个多元化的时代，无论你的地位、生活环境、生活条件是什么样的，时代都为你提供了展示的平台，也为你提供了娱乐和欣赏的出口。你想追求向往的生活，可以多关注抖音；如果你想了解平凡人的生活，去体味平凡中的酸甜苦辣咸，快手就很适合你；同样也有西瓜视频这类与时俱进的 App。它们没有好坏、高低之分，适合你的、你喜欢的才是最重要！所以跟随你的内心去选择属于你的 App 吧。

短视频是一个世界
短视频平台

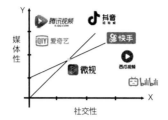

爱奇艺、腾讯这些长视频App都出现在了图表的左上方，代表着它们的媒体性都很高，但是社交性很低。它们发挥的更多是资讯平台的作用，主要业务是发布电视剧、综艺、电视节目。

与长视频不同的是，西瓜视频、哔哩哔哩这类App的社交性做得很好，而媒体性则相对较差。这两款App更多以用户自发上传内容为主，上传的视频时长都是短视频。

快手和抖音出现在图的中部，这代表着这类App的媒体性和社交性都比较强。在短视频App上，用户与用户、用户与发布者之间的互动很多。

下面，先来理清几个概念
分别是PGC、PUGC和UGC

PGC指专业生产内容，其生产者有很强的原创能力，多数为团队运营

UGC指用户生产内容

PUGC介于UGC和PGC之间，其生产者拍摄的内容会好于UGC，但是还达不到PGC的水平

而快手和抖音两大App，又有哪些不同呢？

抖音的用户更多是一二线城市的年轻人，占比达到52%，抖音的女性用户偏多，用户高峰期在晚上8点到11点，对于抖音用户来说，更突出的认知是有趣、很潮、年轻。

快手相对偏向于三四线城市的受众，占比达到64%，用户高峰期主要从晚上6点到9点。快手的男女用户比例达到54:46，对快手用户来说，更侧重于有趣和接地气这两个标签。

第 2 章

打造爆款内容的七大手段

人人都能做出
爆款**短视频**

第 1 节
定位：四大方法明确定位

为什么要定位

做视频，要有明确的定位，要明确自己想做什么门类，自己能做什么门类。

短视频 App 都会利用大数据算法把你的视频精准投递到喜欢的用户手上，因为只有喜欢的人才能认识到视频的价值，并给你点赞、留言、转发；只有精准的定位才更能提高用户的黏性，用户关注你之后，会经常看你给他们更新的内容。所以，你的定位要符合他们的口味，做短视频的第一步就是一定要设计好定位。

抖音当中有很多分类是可供大家选择的,在了解自己的优势之后,要找到适合自己的门类进行定位。现在很火的有分类有娱乐、才艺、萌宠、搞笑等,都是适合碎片时间看的类别,而且都是在短时间就能有获得感,相对来说入门也不需要专业技能,每个人都可以去尝试去发掘、去发现更好的自己,那应该怎么去发现自己、了解自己呢?

用SWOT定位分析法快速定位

今天给大家介绍一个了解自己的分析工具,叫作SWOT法。里面每一个字母都代表一个判断指标,其中S是优势,W是劣势,O代表的是机会,而T代表的是威胁。

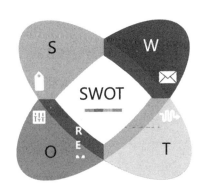

S代表优势,优势就是要知道自己的特长在哪个方面,是有唱歌跳舞的才艺,还是极富搞笑天赋,或是有原创能力可以自己写段子,总之要把自己的优势找出来。像抖音里的"浪胃仙",他就经常去给老板"上课",发挥自己能吃的特长做到了几千万粉丝。所以,找到优点、发挥特长是至关重要的,你的特长决定了你定位的大方向。

优势也不一定要求拥有专业的技能,有自己的特点就可以。那怎么发现自己的特色呢?给大家介绍一个简单的方法。在刷抖音时多留意一些自己感兴趣的博主,然后对这个博主拍的视频进行翻拍,即使翻拍也翻拍不成完全一模一样的,你翻拍的时候,翻拍的与博主不同的地方就是你的特色,你可以根据这点不同,设计出来属于自己的个人IP,这就是你独一无二的特点。

W代表的是劣势,我们要知道劣势其实人人都有,不用为此特别懊恼。我们需要做的是如何扬长避短,尽量少去提及、触碰到这个劣势,甚至最高明的做法是把劣势作为一个"招牌"、一个标签。就比如抖音上特别火的代古拉k,主页上的介绍写的是"专业毁舞一百年的157cm、82斤的黑猴",简单的一句话就把她的几个缺点都暴露出来了，即矮又黑。但她如此开诚布公地把缺点说出来之后，反而人们就不想去吐槽她了，还会接受她这些缺点，甚至去安慰她。有些时候把一个缺点转化成一个好的标签去营造、去打造，这也不失为是种利用缺点的方法。

O代表的是机会，平台每天都会有热搜的榜单，发布与热搜相关的内容平台会给更多的推荐机会。

T代表的是威胁。我们确定一个定位之后，要去观察同定位的其他博主，这些可都是我们的竞争对手，要看他们具体都有什么特点，要注意不要和其他人重复，要做到差异化、要做出自己独一无二的特色，成为有趣的灵魂。

就像教做菜的美食博主在抖音上有千千万，而粉丝最多的就要属"麻辣德子"了，他仅仅靠做菜就成功吸粉三千多万，对于很多人来说这都是一个天文数字。麻辣德子的成功不仅仅在于他做菜教得好，还在于他每次做完饭都会双手合十地深鞠一躬，并说"感谢您的双击，感谢您的支持，如果您有什么想吃的、想做的都可以告诉德子，德子来帮您做"，等等，透过屏幕你都可以感觉到德子对每位观众的尊重。他的谦卑打动了很多很多的观众,大家都说德子是抖音上最尊重观众的博主,有了这个差异之后他便无往而不利,成为最火的美食博主。

这里还有三大核心要素帮你成功进行定位。

第一个要素是专一。我们来分析一下,为什么普通账号一直火不起来?这种账号往往都是在记录生活,而且是特别随意地记录生活,里面掺杂了美妆、搞笑、情感、旅行、美食、唱歌跳舞等,若你想在抖音的世界里拥有一席之地，专一才更吸引人。比如抖音上的陆超，他所有的视频，都是目不转睛、面带微笑看镜头，只有嘴在微微地动着说着各种各样的祝福，最后以一句"真好"为结束。这种看似无聊无趣的模式，恰恰是让人们记住他的办法，一提到祝福，就会提起"真好"，自然而然就想到陆超，这样的来回重复加深了用户对他的印象，这就是他的定位。

第二个要素是独特。每个人都有每个人的特点，我们要做的就是去发现自己和别人身上不同的点，漂亮的皮囊千篇一律，有趣的灵魂万里挑一，只有不同于别人的地方，才能被记住。抖音上拥有几千万粉丝的黑脸V，他是一个集技术与创意于一身的男子，而且他的配文都很戳人心。抖音上并不缺此类的用户，那么他为什么却如此受人关注呢？还有一个原因——他从不露脸。他的粉丝认为，黑脸V总遮着脸，不是靠颜值吸粉，靠的是很牛的创意与剪辑，于是越来越崇拜他，也越来越好奇他的外貌。黑脸V的人设独特得恰到好处，在抖音被很多帅哥美女刷屏的时候，黑脸V这样低调的人设更显得与众不同。

第三个要素是要有梗。很多时候，我们记住一个人，往往是因为他做过一件很搞笑的事，或者说过什么很好笑的话，一见到他就会想起这件事，一看到某件事就会想到他，这就是他的梗。李佳琦目前在抖音上的获赞数是1.7亿，粉丝数是3064万，为何他会有这么多粉丝？为何他会突然走红？有段时间，我们身边总会听到有人模仿他的口头禅"买它！买它！""Oh my god，我的妈呀，太美了吧！"这几句梗，成功洗脑了很多人，这就形成了定位的记忆点。

好了,三大要素说完了,下面要教给大家定位四大方法。

反差定位法助你快速万粉

首先是反差定位法。

年龄反差法。年龄反差法的秘诀就是所设定的人物性格或行为方式与实际年龄不符,从而使用户产生差异感。在抖音上爆火的北海爷爷,70多岁高龄,却依旧神采奕奕,步伐稳健,举止优雅,最重要的是他很会穿搭,甚至他的穿搭还成为很多公众号研究的对象,在我们普通人身边,到了这个年纪的爷爷奶奶大多都不会注重"精致",而在这位北海爷爷的视频博客中,他从早上起床开始,洗漱护肤穿搭一样不差,确实让人惊讶。

性别反差法。顾名思义，性别反差法就是男扮女装，女扮男装。很多年前，李玉刚唱贵妃醉酒的时候，就体现出这种性别反差的吸引力。在抖音上，很让人印象深刻的一位性别反差的抖主叫作"多余和毛毛姐"，一人分饰两觉，戴着假头套，模仿女生的行为举止，看起来非常有趣。性别上的反差，男孩很柔弱，女孩很霸气，更能吸引人的注意，加深观众的印象。

观念反差法。观念反差法就是不符合常规的一些观念。比如说抖音上的管叔，"哪个男人不是捡女朋友淘汰了的手机，我新买的手机你怎么不抢，你算什么女人，你有尊重过我吗？""我们两个出去玩，你却不让我给你拍照，你算什么女人？不麻烦还叫什么谈恋爱，你根本就不知道我想要什么！"管叔以独特的方式，用一句"你算什么女人，你根本不知道我想要什么"，然后揉乱头发的形式来给自己设置了一个成功的人设。大多数男生会不想让女朋友买大牌，懒得拍照，更不想用旧手机，而管叔的这个观念与众不同，他的人设是很多女孩子心中所期盼的男友该有的样子，于是管叔成功俘获了一大批女粉丝。

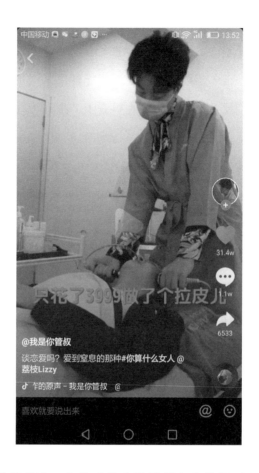

生物反差法。生物反差法就是所有生物都可以有人的心理活动，比如用猫狗来讲人的故事。抖音上的哈K，目前粉丝642万，获赞7532.6万，其实狗狗还是那个狗，只是配上了人的画外音，人来给狗的心理活动配音，配合着狗的行为或者表情，视频就会变得很有趣。

标签制造法帮你明确定位

第二个方法是标签制造法。

要学会给自己制造标签,比如说钟婷的白眼就很有名,看她的视频,如果最后看不到她的白眼,都会感觉少了什么。大家说钟婷"人怕出名猪怕壮,唯独钟婷占两样",在她的作品当中,你会感觉她时而女神,时而女汉子,不过女汉子的时候可能更多一点。视频里每次都是她被耍、被戏弄，表现出非常真实的一面。她的白眼久而久之也成了她的一种标签、一种特色。

典故定位法让你独树一帜

第三个方法是典故定位法，以传说中的那些人物作为定位的人设，比较有代表性的比如"月老玄七""孟婆十九""仙女酵母"，他们不仅仅经营这个人设，还会告诉你生活中的道理。

场景切换法让你快速试错

第四个方法是场景切换法，顾名思义就是把我们日常当中做的一些事，换成另一个场景去做。比如有名的"办公室小野"是一个在办公室中利用生活中一些简单的东西去做饭的博主。在这里你可以看到用电熨斗去制作烤冷面。办公室在人们印象中就是办公的，她就来打破这一思维定式，把做菜统统搬到了办公室，而且用的都是生活中常见的道具，如果不是她，你根本想不到这些东西可以用来做菜。她的视频让人感觉耳目一新，非常有创意。这种定位方法也是可以选择的，将场景进行切换和重组看看能有什么样的火花，你也来试一下吧。

最后我们来梳理一下知识点,定位在短视频制作中占了一个很重要的位置,就像扣扣子,如果第一颗扣错了后面就算扣得再对离成功也有很远的距离。所以,短视频创作者一定要重视定位的重要性。你可以先用SWOT定位法了解自己,做到专一、独特、有梗,然后用反差定位法、标签定位法、典故定位法、场景切换法这四个定位的方法准确地发现适合自己的定位,追寻自己真正想要去做的事,寻找独属于自己的一方天地。

第 2 节
人设：让人物形象更丰满

如何让人物丰满：有缺陷，有喜怒哀乐

"我最先着眼的总是女人的袖子；看一个男人，也许以首先观察他裤子的膝部为好。"上面这段话出自于《福尔摩斯》，是福尔摩斯给华生讲解如何通过衣着上的小细节判断出一个人的身份。这些小细节不仅仅包括穿着，还有仪容、仪表、坐姿、神态表情等，可以说这些所有细节都在展示这个人。

同样，在短视频的世界里，你以什么样的形象展示给用户，用户也会对你有相应的评价，我们所展示的形象就是人设。这个人设可以是经过精心设计的，把你最好的一面或者最想向用户展示的一面展示出来，以达到最好的目

的。人设的作用至关重要,它代表你整个人的形象和定位,所以接下来我们就来聊一聊人设那些事儿。

在理清人设之前,我们先来看短视频平台上比较火的账号分类,粗略来说可以分为标签类、热点类和广告类。

其中,标签类占到绝大多数,前文中我们也提到过标签的作用,标签可以打上很多种:爱情、搞笑、美食、宠物、唱歌、跳舞等。你可以围绕某个标签发布很多内容,用户也会因为这个标签关注到你。"郭聪明""高火火"的标签之一是唱歌,他们通过唱歌吸粉也都已经超过了3000万,达到了很惊人的数字,很多人都不敢相信,这就是标签带来的更加清晰和精准的定位的效果。

热点类就是紧跟热点的步伐,讨论的话题随着热点的变化而变化,可能根据热点改编一些段子,就像"papi",每期的内容都是带有主题地在讨论一些话题,角色扮演只是 papi 酱的一个外衣,主要是通过她的演绎来输出内容,输出的内容也都紧跟热点、潮流,这就是她的人设,"一个集才华和美貌于一身的女子"。

广告类就是以打广告为主,就像"李佳琦"和"罗姑婆"。李佳琦是从一个彩妆师开始,为人们介绍各个品类的化妆品，以带货销售为目的。罗姑婆开始的时候是教人谈恋爱，但是教着教着发现带货可以做出更好的效果，每次的带货内容如神来之笔一样，让人拍案叫绝只想去买。

不论你想做什么类，都没问题的，但一定要在了解各类内容之后思考自己适合做什么，并且想出用一个什么样的形象来表达出这些内容。

人设的建立有很多好处，要知道我们所展示出来的并不一定是真实的形象，人设的目的是来加深用户注意力，提高用户对我们的喜爱度。只有清晰的人设，才会吸引用户的注意力。通过人设用户会知道你的形象是什么，你所做的内容是什么。有了鲜活的人设之后，用户才会加深对你的喜爱，也更容易在后期进行商业转化。

确定行为模式：根据人物档案找到人物特点

一年吸粉 4000 万的短视频头部 IP "祝晓晗"，她的人设就是精心打造出来的。祝晓晗是一位山东姑娘，大学毕业以后成为一名职业演员，其所属团队为新动传媒。"祝晓晗" 的主要定位是家庭情景剧，在营造一个积极、幽默、向上的家庭氛围。主要角色是一家三口人，在人设运营上,祝晓晗是一个蠢萌、善良、有爱的吃货单身狗,这个在她的简介上已经写出来了。她的爸爸的人设是工作努力、妻管严,又很有爱的一个中年男人。而老妈则是真正的一家之主,时而与闺女联手对付老爸,时而和老爸联合起来坑闺女。这是精心设计出的一种家庭关系,每天发生的故事也都是有剧本的,通过用心的设计收获了大量的粉丝。

在运营过程中,"祝晓晗"也不是一帆风顺的,开始时的定位是以祝晓晗跳舞为主,因为当时在抖音上有很多通过跳舞火起来的博主,但是发布视频之后效果不温不火。而后便引入了老爸这一元素营造快乐的父女两人形象,这就成功吸粉无数。但是运营一段时间之后发现遇到了瓶颈,便又引入了老妈这一角色,一家三口变得其乐融融、各司其职,扮演着自己的角色。通过这个账号成功的运营,该公司也推出了"老丈人说车",主要内容是老爸和祝晓晗两个人给大家介绍一些关于车的事情,目前粉丝数也达到了千万。一组人设做成功以后并不只能让一个账号火起来,完全可以利用这个人设去打造新的内容。

"七舅脑爷"的粉丝量也达到了几千万,甚至曾经创造过一天增粉100万的传奇故事。他的人设就是一个很暖、很温柔的帅哥形象,以"别人家的男朋友"著称,一个专注于男女情感的现象级IP,曾在45天内涨粉2000万,该成绩在短视频行业声名卓著。七舅脑爷的视频内容以男女关系为基础,以脑洞为核心,挖掘日常情感中的精彩小故事,大到约会旅行,小到争吵和好,恋爱的甜蜜、分手的痛苦、在意的那个他/她、吵吵闹闹的日常,十分贴近广大年轻人的情感经验,成为粉丝们心中的"完美男友"。他最初是和"闵静"合作,打造了一个"全抖音最难哄的女友"人物形象,而七舅脑爷在每次女友花式生气的时候都能够顺利化解,堪称求生欲最强的男友。七舅脑爷的视频非常受女孩子的喜欢,毕竟女孩子在谈恋爱的时候总是会很感性,谁都希望自己的男朋友可以在自己生气的第一时间用最温柔有趣的方法把自己哄开心。内容围绕恋爱相关话题,比如说应该怎么照顾你的女朋友,怎么对她好,怎么给她惊喜。在这个温柔暖男的形象下,就可以做相关的运营和设计。

通过上面的案例,我们知道塑造人设特别重要,那我们在塑造人设的时候,都应该注重哪些方面呢?首先要清楚你的优势在哪里,根据这个优势定位好你的身份,并且还要把你的特长总结出来,以及你有什么别人所不具备的特点,把这个特点进行放大制作成为你的标签,然后还要加上输出内容有亮点,观众喜欢,这才是一个好的人设。

总而言之,人设的作用是把你最好的一面展示出来,打造精致的形象。有了这个人设,你就可以更好地吸粉,可以像祝晓晗一样做成功一个人设之后,还可以通过这个人设继续做成功其他的账号,这可绝对就是人生赢家了!

第 3 节
主页：重视昵称、头像、简介和视频封面

在讲解抖音 App 界面时，我们提到在播放视频的右侧有一个圆圈形图标，点击进去之后就可以看到这个博主的昵称、头像、介绍、背景版以及曾经发布的视频等，这些内容统称就是主页。

主页是你留给用户的第一印象，可以说第一印象是至关重要的。生活中仅凭看到的第一眼、第一印象就确定这个人是自己生命中的那个 TA 的事儿屡见不鲜。第一眼是极其重要的，用户能点开头像进入主页，就证明已经被你的视频内容吸引，想要进一步了解你，究竟能不能让用户关注你，就要靠主页的运营了。除了通过点击视频右侧的圆

形图标,还可以在搜索栏当中搜索你的名字找到你,看到你的主页。怎么通过主页来展示你的形象?主页究竟应该怎么运营呢?如何利用主页为我们吸粉?本节我们就来讨论一下这些问题。

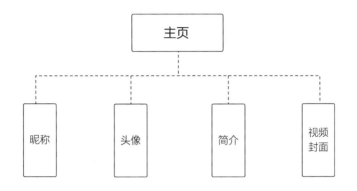

昵称

主页分为:昵称、头像、简介、视频封面,先来说说昵称。昵称是我们的代名词,提到昵称用户就会想到你的内容,昵称的选择特别关键。首先昵称的选择一定要有辨识度,要与定位内容有较强的相关性并且还要带有一点趣味性,同时可以贴上相应的标签,来展示你的账号定位。目的要让用户看到你的昵称之后,就了解你的账号是做什么的。如果没有通过昵称简明扼要地体现出来你的特色,那很难得到用户的继续关注。比如说在搜索栏搜索

"摄影"两个字,就会发现有很多相关的博主,通过名字就可以看出具体的定位。"摄影学堂""小白学摄影",看名字就知道是在教你摄影技巧。比如叫"××摄像",则表明这个账号是在分享一些摄影作品。

同样,我们在输入"情感"两个字之后,可以看到"情感语录",是为大家介绍情感中一些经验的语句,"××说情感",是讨论和情感相关的话题,告诉你情感方面的小贴士、小技巧等。通过这样的昵称,用户就知道账号的定位是什么,也可以根据自己的需要来关注相应的账号。

当然我们也可以用自己的真实名字来起名如"冯提莫""祝晓晗"等，这样的好处是容易形成品牌效应，视频里的主人公和博主昵称相同也更有连带的感觉，用户在留言评论时用同一个名字也更加方便。

头像

头像选择的核心目标也是突出账号的主体内容，我们的视频在被推荐的时候，用户会被你的头像吸引，也会点击你头像下面的"+"号来关注你,头像绝对是吸睛的一大利器。在选择头像时,可以采用作者本人真实的照片或者经过加工的形象照,来更好地展示作者的形象进而形成品牌效应,还可以采用与定位相关的主题海报,或者是专业的艺术设计图也很棒。头像的选择要做到和简介、昵称等主页内容相互关联,形成集聚效应,从而更好地把自己推销出去。同时要有较强的辨识度,不要和他人重复,要形成自己独一无二的品牌。

简介

简介要用最简单的话概括账号内容、突出账号主体定位。我们可以介绍创建账号的原因或者目的,比如"七阿姨",她写的就是"关注我每天采访你最喜欢的爱豆"。关注这个账号,你就可以看到七阿姨每天采访明星说土味情话,看明星被撩到一瞬间错愕的表情。

简介要突出自己的特点,比如有名的大胃王"浪胃仙"的简介就是:"我一开心就吃东西,我一吃东西就开心。"很好地突出了账号的定位和特点,一个吃播的人设跃然纸上,越吃越开心,观众越看越开心。

有时，自嘲会带来意想不到的效果，把一个缺点转化成一个好的标签去打造，这就是很好地利用简介来营销的一种方式。

视频封面

视频封面的要求是风格统一，简洁明了。封面的边框、封面包装、封面字体可以进行统一的设计。这样用户在看你的作品的时候才会更加方便，有一个非常良好的第一感官。比如说"氪金研究所"，主题是采访街上的帅哥美女,问他们的一身穿搭分别是多少钱,开的车多少钱。所有的封面风格都是统一的,每个视频封面写的都是"你这一身穿搭多少钱?"下面是具体地理位置的定位,然后后面是帅气小哥哥和小姐姐的美照,整体看起来非常赏心悦目、一目了然,对于你所好奇的小哥哥小姐姐直接点击进去就可以看到了,非常方便。

我们表达对人的喜欢时会说"始于颜值,陷于才华,忠于人品",而对于短视频制作者来说,这个颜值便是你的

主页，这里面包含昵称、简介、头像、视频封面。这些是我们想要展示给别人的，要想让别人第一眼"沦陷"在我们这儿，就要给他们一个良好的印象。主页这些内容看似简单、细碎，但也要做好设计，要做到四者之间的有机统一、互相印证，同时还要突出特色，把自己最好、最优秀的一面展示出来，让这个窗口成为一个放大镜无限地放大你的优点，为你吸粉。

相信你按照我教给你的方法去做之后，也可以让别人看到你第一眼之后，就对你产生一见钟情心动的感觉！

第 4 节
选题：十大元素法 + 四大选题法

选题的重要性

以前我写自媒体文章时，有一句话叫作"你和阅读量 10 万 + 之间只差一个爆款选题"。这句话放在短视频领域也同样适用，"你和播放量千万 + 之间，还差一个爆款选题"。

无论选择什么样的平台发布内容，选题都是核心要点，选题决定内容的深度、广度，会不会受用户喜欢，会不会被疯狂转发。用户真正感兴趣、想看的内容才是最好的内容，知道大家的喜好和兴趣才能投其所好。那么，用户喜欢的究竟是什么呢？

十大元素法，让用户自愿传播

通过分析大量的爆款短视频，我得出了爆款内容的十大元素，包括3种情感：爱情、亲情、友情；5种情绪：愤怒、怀旧、愧疚、暖心、爱国；2个因素：地域和群体。可以说绝大多数爆款内容都涉及这些元素中的一种或几种，它们相互组合、交叉就可以诞生新的爆款。

3种情感是生活中最基本的情感，所有的喜怒哀乐也都围绕这些情感。和女朋友吵架了，男朋友是钢铁直男根本就不解风情，这些问题都和生活息息相关。亲情是个绕不开的话题，短视频平台的用户几乎都是年轻人，大都远离父母，亲情是每个人心里最柔软的地方，亲情故事总是能勾起心中最深的思念。友情也是如此，我曾写过一篇几百万阅读量的爆款文章：《曾帮我打架的兄弟现在和我不再联系》，讲的就是朋友之间渐行渐远的感情，这也是大众的情绪点。

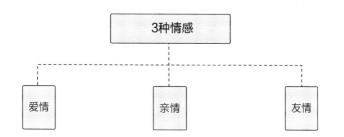

"祝晓晗"有3000多万粉丝，获得了几亿个赞，其从家庭短剧这个细分领域切入，走亲情路线，内容主要围绕家庭关系展开，角色有女儿祝晓晗、爸爸以及只配画外音的妈妈，视频主要展现的是一家人的有趣日常，比如私房钱、催婚、父女之间的吐槽互怼等。

我们拿她的视频来具体分析一下，一个标题为"脑瓜子是不是嗡嗡的"视频，有200万赞，几万条评论。视频开头是祝晓晗的爸妈在吵架，爸爸摔拖把出门，祝晓晗追出去劝架，结果她爸说："你太年轻了，闺女，人家三缺一，就差我了啊。"然后潇洒离开了，留下祝晓晗在嘀咕："我年轻？"祝晓晗回到房间想哄妈妈，结果她妈妈拿出手机和别人说："老祝被我骂走了，你们在哪个KTV呢，等着我我过去。"挂上电话就和女儿祝晓晗说在家随便吃点，这时，祝晓晗黑着脸说："我果然是太年轻了。"

　　这则视频涉及一家三口的亲情,也有爸爸妈妈之间的爱情,还有被喊出去三缺一、唱歌的友情。

这种感情大戏最能引起用户共鸣,所以评论里很多都是"论爸妈的套路"。

只要视频内容和制作上不断创新,选好选题,亲情这条线可以不断吸粉,有很多媒体人和公司都挖起了亲情这条线,要做到"祝晓晗"这样千万粉丝级别当然很难,但做到十万、百万粉丝级别的号并不难。

再比如"七舅脑爷",以"别人家的男朋友"著称,一个专注于男女情感的现象级 IP,曾在 45 天内涨粉 2000 万,这个成绩在短视频行业声名卓著。

他的视频内容以男女关系为基础,挖掘日常情感中的精彩小故事,涵盖约会旅行、争吵和好、恋爱的甜蜜、吵架的日常、分手的痛苦,十分贴近广大年轻人的情感经验。

"叫我老王"的视频《如果这是结局你们能接受吗?》绝对精彩,一天令他的账号新增访问量 6799 万。前半部分讲女主角各种各样的生活不幸:起床第一眼发现要迟到了,并且手机没充上电马上就要关机了,想收拾打扮但发现家里没电了,咖啡机里的咖啡也都喝光了。刚出门时被隔壁的狗扑上来把衣服弄脏了,迟到了一分钟被罚款一百元,到办公室之后被通知项目交给别人负责。这时同事通知她客户把订单取消了,奖金也没了。随后她接到妈妈的电话得知姥姥病重时日无多，男朋友又发来微信说他要结婚了，女主角几乎崩溃。这时候峰回路转，取消订单的老板伸出橄榄枝希望女主角可以加入他们公司，男朋友发来微信说车票已经买好了，这周陪她回家看姥姥并且要提前求婚，这个时候女主角才知道男朋友说的要结婚的对象就是她。回到家之后邻居又帮忙把电闸修好了，一切皆大欢喜。

这个视频涉及的元素众多，有男朋友体贴给人惊喜的爱情，有求婚让姥姥开心的亲情，还有邻居帮忙修电闸的友情。情绪上有开始遇到种种不公事的愤怒，有对姥姥生病无能为力的愧疚，也有最后获得帮助时的暖心。

这个视频集中反映了当代年轻人在城市中打拼的艰辛，视频中表现的悲惨经历你或多或少也经历过，它很容易勾起你曾经失落的回忆。同时我们也都非常期待在低谷之后可以迎来一次又一次的峰回路转，我们期待生活带给我们的喜悦，期待生活带给我们的惊喜，可以说是彻彻底底抓住了人们的胃口。

接下来我们来谈谈5种情绪，分别是：愤怒、怀旧、愧疚、暖心、爱国。

第 2 章 打造爆款内容的七大手段

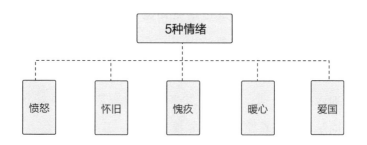

前文中视频《如果这是结局你们能接受吗?》重点体现了情绪中的愤怒和愧疚,以下以暖心和爱国为例进行说明。

"丁公子"的视频《所以你真的了解你的对象么?》共获赞 255.6 万,一天新增播放量 6633 万。剧情讲述了因为男朋友的奶奶病情恶化,急需一笔钱,他的女朋友"丁公子"为了能让男朋友收下自己给的钱,设了一个局中局。这个视频里面就应用了情感中的爱情和亲情,"丁公子"费尽周折给男朋友钱是爱情的体现,她想以润物细无声的方式来帮助男朋友,不想让男朋友因为钱而有心理负担。而她的男朋友想治好奶奶的病,其行为也是有情感支撑的,得到了观众的支持。小的时候爷爷奶奶为我们付出了很多,而现在我们有能力了也要多为爷爷奶奶做一些事儿,这种亲情也打动了很多人。这里就体现了情绪中的暖心。"丁公子"采取这种方式无疑是特别暖心的,给男朋友留足了面子,也解决了问题,让人们看过之后心都感到暖暖的。

在"新闻联播"抖音号的一条短视频中,主播康辉说:"就在刚才,我们又得到一个好消息,我国运载能力最强的重量级小哥——长征五号运载火箭在海南文昌复飞成功。'胖五'经历过挫折,而时隔两年之后,上演了'王者归来','胖五'威武!"本条视频点赞超过130万,很容易激起观众的爱国情绪。

最后,我们来看2个因素:地域和群体。

我们在做选题时要精确分析目标受众,这样才可以根据目标定制出他们真正喜欢的东西。

"努力要上天"拍摄的视频《被东北室友带跑偏需要多久?》仅仅18秒,一天新增播放达到4117万。视频讲述在大学宿舍里,大一入学时一个东北人,大学毕业时全是东北人。北航小伙演绎东北大汉,东北话满分十级,第二天室友就被东北话带跑偏。

这条短短的视频覆盖了三个群体。一是大学生群体，他们看到这条视频会回想起他们大学的生活。另两类群体分别是东北人，以及这么多年来被东北话带跑偏的其他地方的人。因为东北话有着极强的感染力，相信很多人都中过招被东北话带跑偏过。看到这条视频，那些被带跑偏的人也回忆起自己曾经的"惨痛经历"，通过群体的要素再次激发大家的共鸣。东北人看到这条视频也会感觉到很光荣，再次体现东北话是可以感染世界的。可以说这条视频涵盖的群体范围是很广的，选择的话题也具有极强的广泛性，取得了很好的效果。

这些案例很好地应用了十大元素中的一种或几种，并且把它们完美地组合在了一起，碰撞出了新的火花，可以说只要按照这个思路执行下去就一定可以火的。

和大家分享完选题的十大元素，我们再来说说4个具体的选题方法：分别是热点日历选题法、高赞视频选题法、高赞图文选题法、高赞评论选题法4种。

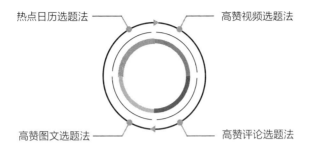

热点日历选题法

热点日历选题法就是大家可以盘点一年中所有的热点节日,到了这些节日就可以发与节日相关的内容,一定受人喜欢,我以几个节日为例,给大家盘点一下。

10月1日,国庆节,这七天长假里我们可以分享假期趣事,或被迫加班的痛苦,等等。2019年正是我国建国70周年,与祖国发展、人民生活变化相关的内容也是很好的国庆节选题角度。

12月25日是圣诞节,我们可以扮演圣诞老人给别人送礼物,甚至可以作为圣诞老人偷偷地给你喜欢的他/她送去一份惊喜,更是别有一番风味,相信一定会得到无数人的点赞。

1月1日，元旦，是新一年的开始，在这天大家可以尽情地许愿，对新的一年做出美好的展望，新年要有新气象，一切都从新的一天开始。

除夕对每个中国人来说都是一个非常重要的节日，在除夕这天晒年夜饭就成了很关键的环节，家家户户都在晒年夜饭，你家的年夜饭足够有特色吗？没关系，有没有特色都可以拿出来晒晒。这天也是年轻人互发祝福的一个高峰，你收到的精彩祝福，或者你发现好玩儿的祝福，都可以在这一天分享。

除夕的第二天就是大年初一了，与春节有关的拜年、走亲戚串门的趣事都可以分享，今年有没有被催婚，七大姑八大姨是怎么评价你的职业的，包括对春晚的吐槽、对年味儿的感受等都可以发。

这些热点日历完全可以用视频的形式去展现出来，就像之前公众号追节日热点，短视频也一样可以追，只是展现形式不同而已。

高赞视频选题法

除了热点日历选题法，我们还可以采用高赞视频选题法，即把很多经典的长视频进行截取，选择其中最精彩的片段作为短视频，效果也非常好。

比如在《乡村爱情》中，谢广坤问孙子谢飞机为什么推人家小女孩，谢飞机回答："她扒拉我。"本来很简单的一个桥段，在短视频平台突然火了起来，不仅仅这段视频被无数次发出来，还有更多的人进行模仿，在抖音上"他扒拉我"这个小板块里视频的播放量达到了3000万。

"东方卫视"在抖音平台上发布了中国达人秀中的精彩片段，78岁的"小姐姐"展示惊人的拉丁舞技，点赞达到了300多万、评论14万、转发量超过了18

万。这本来就是《中国达人秀》中普通的节目片段,但是现在能认真看完所有节目的人已经非常少了,人们更喜欢快节奏,只看最精彩、最精简的内容,所以可以把视频中最优质的片段放到短视频平台上。

怎么去找经典视频呢?首先,可以看看当下最火的电视剧、综艺节目,看看微信公众号爆文、微博热搜都在追哪些剧,比如2019年暑假的《亲爱的,热爱的》,很多人就拿李现和杨紫在剧中的甜蜜合集获得了高赞。另外,也可以在豆瓣评分上去找评分高的电影,或者在微博、B站上搜索关键词,如"韩国电影""10部励志电影清单"等,对应找出经典片段,把有名、有梗、经典片段进行简单剪辑,上传到平台。

还有一种方法是去做明星的视频合集,如#薛之谦演唱会#这个标签下就有很多薛之谦演唱会的场面;再比如搜"德云社",就会出现很多相声段子视频;搜"王俊凯""胡歌""彭于晏""李现"等明星,一定会有很多高赞视频。最近,"黄晓明"的阳明学就是从《中餐厅》中截取过来的,很容易获得高赞。

高赞图文选题法

同理,高赞图文法选题是把一些精美的人文照片、风景图片、句子图片作为内容剪辑到短视频里，配上契合的文案和好听的音乐来吸粉，图片一般采用动图，在短视频里看起来更有动感。图片可以在微信、微博、小红书等各个平台找。还是那个方法，找关键词，找明星，找当下火热的综艺节目和影视剧，找书单。找完之后简单地拼剪到一起，你要做的就是把标题和文字弄得最显眼，图片风格根据主题来定，明星类的视频可以做得美一点，酷一点，励志书单就做得励志一些，写个大大的"奋斗"；养生的就把字体放大，加些岁月静好的鲜花，专门给三四十岁以上的用户点赞和收藏。我们就以书单为例，抖音号"情话书单"目前有100万粉丝，500多万赞，你可以去看看他的主页，全部是统一风格，图片排版并不好看，分享的都是很普通的情话句子，比如"没有安全感的人很爱音乐、怕黑、又不敢早睡"，还有"时刻要提醒自己的10句话"，你觉得很普通对不对？但却有很多粉丝点赞、收藏，留着自己以后发朋友圈用。

高赞评论选题法

高赞评论选题法就是把一些音乐、电影、书籍的高赞评论收集起来,利用短视频传播,像抖音号"网易云热评墙",视频内容都是把网易云音乐某首歌曲下点赞量最高的评论搬运到抖音上面,目前收获了180多万粉丝。另一个抖音号"这是TA的故事",现有120多万粉丝,800多万赞,个性签名就是"这是TA在听歌时,留下的故事。"他的每期视频都源于音乐热评,比如"心比长相好,情比爱重要"这则视频,就是来自陈小春《相依为命》这首歌的音乐热评,演员将丈夫为妻子点最爱吃的菜并趁朋友们不注意偷偷多夹给妻子的故事演了出来,这个视频现在有100多万个赞,5万多条评论,4万多次转发。

第 2 章 打造爆款内容的七大手段

在短视频的世界里,你不知道哪些内容是可以一夜爆火的,但这也是它的魅力所在,长视频中很多看似无趣的内容放到短视频里会产生神奇的效果,但这其中最关键的是你有没有一双善于发现的眼睛。每个人都可以做搬运工作,但可以点石成金的搬运工却是极少,希望我们都可以有这种点石成金的能力。

选题是一个视频成功与否的第一步,也是最关键的一步。我们对待选题一定要认真,对于选题的十大元素要做到烂熟于心,看到爆款的短视频要主动对其进行解剖。"外行看热闹、内行看门道",同样都是看,不同人的收获完全是不同的。

最后,再总结一遍:十大元素:包括3种情感,爱情、亲情、友情;5种情绪,愤怒、怀旧、愧疚、暖心、爱国;还有2个因素,地域和群体。可以说绝大多数爆款内容都涵盖这些元素,它们相互组合、交叉在就可以诞生新的爆款,还要熟记热点日历选题法、高赞图文选题法、高赞视频选题法和高赞评论选题法,灵活运用才是王道。

期待下一个火遍全网的爆款选题出自你手,加油!

第 5 节
内容：7 个制作步骤 +1 个爆款公式

"有幸遇上了这样的时代，要配得上这样的时代。今天你会觉得你和'别人家的孩子'之间是背景的差距，但站得再远一些，就会发现你的未来与任何人无关。"张璁这句话就是短视频时代的极佳诠释。你有一百种方式火起来，有一百个理由可以火。有时代在撑腰，你不必怕什么，这个新世界给了你火起来的无限机遇。

要做好短视频，最关键的还是它的内容本身，内容好，才可以与用户产生共鸣。

如何做出真正打动人心的内容？去哪里找这些素材？这些成为我们在制作内容时必须面对的问题。

7个内容制作步骤

下面教大家7个内容制作步骤。

第一步，确定选题，前面已经介绍过选题的内容了。首先，你要确立一个核心，明确你想拍的主题是什么，是关于爱情，友情，或是其他什么呢？然后，你需要再在这个大主题下面确定具体的主题是什么，是朋友分道扬镳？是闺蜜情天长地久？

第二步，要解决素材困境。很多人不知道拍短视频的灵感从哪里找，这也就是我们所说的素材困境，这个问题的解决办法其实有很多渠道，可以通过网易云音乐评论、豆瓣点评、知乎、天涯、B站等渠道去找。

第三步，适配你想拍的主题。适配这个词的意思就是要寻找到适合你的主题内容的东西。比如你要做一个关于"备胎"的短视频，你在确立好主题的基础上，可以在网易云上搜索"备胎"这个词，就会出现很多关于备胎的歌单。我们就拿《钟无艳》这首歌来看，这首歌的评论是10万+，那我们就从这些评论中找关于备胎的故事，要记得分清哪些是与备胎这个主题匹配的，哪些是不匹配的，在这些与主题匹配的评论里找到指戳人心的、戏剧化的故事作为素材。

第四步，写脚本。在选到合适的评论之后，要做的就是注入自己的感悟和想象并开始写脚本。由于评论大多都是简单地陈述一下自己或他人故事的经过，所以并不是那么生动具体，但是要将这些评论中的故事拍出来，就需要你去琢磨每一个镜头、场景、细节和表达方式。

第五步，开始行动，准备好拍摄器材。适合拍短视频的器材有很多，手机、单反、微单、迷你摄像机、专业摄像机都可以，还有一些辅助性工具，如三脚架、遮光板、各种相机镜头，在确定好每个场景怎么拍后，选择合适的器材进行拍摄就可以了。

第六步，选演员。选择演员方面，需要找适合这个角色的演员，单单有颜值是不够的，一定要找到适合这个角色人设的演员。

第七步，后期，后期是你的短视频完成的最后一步，也是至关重要的一步。首先，我们需要下载几个剪辑软件，比如Pr、vagas、小影、剪映等。

很多新手还不知道该怎么去剪辑，下面是我整理好的剪辑步骤：

(1) 将视频导入软件,调整比列,选择横屏还是竖屏,然后调色。

(2) 将剪辑软件中自己导入的视频分类整理,方便自己剪辑。

(3) 将声音调整到和画面同步。

(4) 开始精细的剪辑,将一些不好的画面减掉。

(5) 用一些特效来使画面效果更强。

(6) 完成剪辑,导出视频。

以上7个步骤我们都会在其他章节提及,在此不过多讨论,下面我们来具体聊聊第二个步骤,如何解决素材灵感困境。

天涯上有一篇很火的帖子,来自"无心芦苇",标题是"如果可以回到十年前,你最想做什么?",大意是一个自称从1997年来到2008的人说自己马上要回1997了,并询问大家有什么需要帮忙的,很多网友留下了打动人心的评论。八卦的人:"楼主呀,能不能通知一下1997年的我呀,让她赶紧借钱买房子,好让现在的我也做回地主。"路人无名:"1997年?楼主能不能去趟乌鲁木齐帮我找个人?找到他告诉他我爱他,我在2008年等着他。"可可星冰乐:"麻烦楼主去辽宁找个女孩子,告诉她将来要小心不要被欺负,住宿舍的时候要注意走得近的室友,那个人会诬陷人,要注意不要认识一个天津人,遇到一定要走开,要注意不要认识一个卖啤酒的,要告诉她无论遇到什么事情她的将来很美好。"yoyotony:"楼主,千万要记住,在 2003 年 9 月 3 日那天告诉我二哥哥,千万不要出门,就在家待着!我拿什么和你交换都可以!!"还有一个人说:"请告诉那时候的我,一定要多回家看看爷爷,因为后来他得了老年痴呆症,就不再认识我了。"

这些评论很感人,可以收集起来,让不同的演员来演,每个人扮演一种角色,做成街边采访或者系列故事短视频,会有很好的传播效果。

我们还可以从大家讨论的热点中去寻找话题,去找类似的题材,更容易让制作的短视频火爆。

接下来要教大家的是获得素材的另一个渠道,也就是从韩剧、偶像剧等影视剧节目中平移内容。为什么要从韩剧中找素材呢?因为韩剧热在我国一直消退不散,韩剧中许多经典的桥段总使大家感动,故事的反转也做得非常好。但是,韩剧的剧情也较为拖拉,往往一集里面只有那么几分钟才是重点,才是吸引大家的地方,那么我们要做的就是将这些精华部分找出来,做成连贯的故事。

罗振宇说过一句话："我的知识付费就是把书里的内容变成线上音频的内容。"这样的转换也可以称为重构出版业。出版一本书要等很久，推出一部电视剧也有很多繁杂的程序，短视频可以将这些程序都略过，把最精华的地方都给到你。其实，短视频也在不断重构。比如说一些经典的评论、经典的图文、韩剧或电影都可以变成短视频，让我们很快接收到其所表达的信息，但观看者是没有变的。我们要跟着时代去改变，去创新。经典之所以是经典，是因为它有一定的内涵，我们将这些经典与时代结合，必然会成为一个又一个爆款。

黄金 3 秒 +5 个爆点 +1 个金句

最后，再来讲一个爆款公式，这是重点内容：爆款短视频 = 黄金 3 秒开头 +5 个爆点 +1 个金句结尾。

短视频能否吸引住观众，3 秒时间足够了。如果 3 秒内没有吸引到观众，而被滑过，那么你的视频也不会被推荐到更广阔的推荐池中，流量会越来越少。

短视频中的每 1 秒都关系着视频内容密度与输出节奏，时长缩短了，1 秒的重要性就更强了。所以，在制作视频时一定要注意时长和内容，你的黄金 3 秒开头能否吸引到大家？吸引到大家之后，如何让粉丝继续往下看？这就需要有 5 大爆点，也就是看点，这个看点可以是有趣的好玩的，也可以是前后反转，最后再加金句结尾。

我们举个例子，来分解这个公式。

"钟婷 xo"的视频《算了……你别去了……》，点赞量 200 万+，评论、转发 3 万+，我们来分析一下她这个视频为什么能爆。

黄金开头 3 秒：钟婷捂着脸朝着镜头走来，并说道：我出去一趟。这里就给用户设下了两个疑问，为什么要捂着脸？为什么要出去一趟？引导着用户继续往下看。

爆点 1：钟婷在父亲的呵斥下把手拿开，鼻青脸肿地面对镜头（有隐瞒）；

爆点 2：面对父亲的质问钟婷坦白跟他老公打架受的伤（夫妻吵架）；

爆点 3：父亲生气地询问自己女婿的下落，想找他问个明白（自己女儿受欺负了，怒火中烧）；

爆点 4：父亲得知女婿正在医院抢救，被钟婷打的（剧情大反转）；

爆点 5：钟婷演示如何将她老公打进医院的，一拳把西瓜锤烂（高潮）。

1 个金句结尾：那你别去看他了，我怕你把他氧气拔了（这句话非常具有喜感，看到这句话会有一种喷饭的感觉）。

类似这样的例子有很多，你可以多去看看点赞榜首的作品，学学大V们是怎么利用爆款公式变火的，我建议一定要独立剖析每个爆款视频，从中学习。

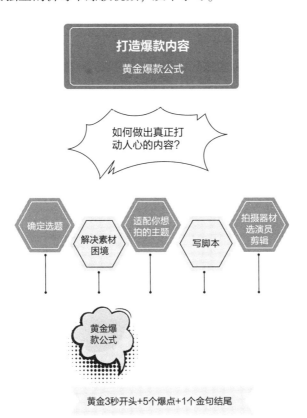

第 6 节
标题：8 种方法取出一个好标题

标题的重要性

标题位于最显眼的位置，往往要么点金成铁，要么点石成金。

好视频需要一个好标题，好的标题能使视频内容更丰富饱满，激发观众的认同感等情绪起伏，吸引观众完播视频的探索兴趣，还会引起评论区热度而带动视频互动率。

这里提供 8 种取标题的方法，希望能给你带来创作灵感。

有一则小视频，画面是酒店的餐桌，摆设高级，桌椅美观高档，没有人，灯光很暗，大概 10 秒时长。这样简单的画面,没有故事情节,没有推送爆款物品,甚至连转场切换镜头都没有,却获得52万的点赞数。而视频作者粉丝只有3000+,作品数50,点赞总数是53万。

这则视频为什么火了?

"女孩子暑假工一定要尝试到高档点的酒店当一次服务员,在这里听到看到的比上一百节思修课都有用。酒桌上的丑陋面孔太真实。"视频画面传递的内容远远不及标题的内涵——以给女孩子提出建议的口吻,直面社会阴暗面。点赞数就是被大众认可的证明。如果这则视频的标题是"这家酒店真高级真好看",那么这则视频一定会"石沉大海"。

好的标题能激发大众强烈的认同感，点赞数会因此攀升。

有一则视频是这样的：一个妈妈在后面拍了三个儿子一起往前走的背影，场景很家常很普通，就是在普通小区散散步的样子，没有经过制作，大概是原片上传，获赞141.7万，评论2.4万。而视频作者的作品数是3，动态13，粉丝2.1万，另外两条视频点赞数为35和171。所以推测这个博主粉丝应该都是因为这条视频而来。如此高的点赞数，胜在标题出力。"自从有了三个儿子，我就收起了我这暴脾气，看小区里有闺女的都像亲家，生怕未来儿媳妇对我印象不好……"如果标题是"我的三个儿子有点帅"等，一定不会有该视频达到的热度。视频评论区"预定一个姑爷"等相关评论的点赞数也很高。

所以，好的标题能为视频加分不少，说不定你的哪条视频就因为标题火了，你也因为这个标题涨粉不少。

另外还有一些博主利用标题引起评论区的互动——"这如何缓解尴尬？""男生是不是都这样死要面子？"这样的标题不仅能够引起观众完播的兴趣，同时还邀请观众评论留言，提高视频热度。

好的标题不仅能使视频的内容变得丰富饱满,对视频内容做出解释,还能够吸引观众完播的探索兴趣,也会提高评论区的热度从而带动视频互动率。

抖音、微视等 App 因为版面原因,标题是在视频播放开始同时出现。而在快手、火山等 App 上,标题的作用就更显著了。在一堆内容中出现,如果你的标题足够吸引人注意,那么你就赢在了起跑线上,比别人先迈出了步子。

不同类型的视频内容需要不同的标题与之搭配,不同的标题形式会给视频内容的传播带来不同的效果。

取标题的 8 种方法

这里提供的 8 种取标题的方法简单实用,是取标题的小技巧,希望能为你的创作启发思路。

疑问法

通常是对视频内容的概括,可以引起观众获知的兴趣。标题疑问的答案就是视频的内容。比如博主"乖乖怪"的一条视频的标题是"大学生该怎样赚生活费?"视频内容是博主大学两年换了 9 份兼职的叙述,包括群演、服务员、淘宝客服、主持班老师、配音、商演主持、约拍等，为大学生赚钱提供了建议，与观看观众共勉。

"你知道多少生活小技巧？"等都是疑问法的呈现方式，多用来向观众讲知识、提建议等。问句是可以带动观众情绪的。以这个问句为标题就比以"生活小技巧"为标题更能吸引观众完播，视频传播效果会更好。

一些穿搭博主为了提升互动率，也会采用"你们大学读的是什么专业呢？""这辈子最想听的演唱会是谁的？"等疑问句的方式作为题目。

数字法

阿拉伯数字具有与文字形成对比的视觉差别力，标题中出现数字会让标题更吸睛。比如"1000元的东西原来只值70元？带你揭开眼镜行业下的暴利。""7招教你减少手机危害。"这种方法具有局限性，在于内容与数字的关联程度，但是内容中有数据时，一定要考虑采用数字法。这是一种很简单很基础但很有效的取标题的方法。

热词法

应用近期生活中的热点新闻、流量热词、明星、品牌名字等，都是应用热词蹭热点提升热度的方式。

iPhone 手机上市期间，会出现"3 招教你识别 iPhone 手机翻新机"等苹果手机相关视频；《偶像练习生》选秀综艺热播时，跳舞博主发与练习生舞蹈视频的合拍，左边为博主自己，右边为练习生，标题中以#练习生#吸睛，视频反响很好，一个不太火的博主的视频点赞有 129.2 万。

博主"郭聪明"也会将一些热词、热点话题等用在自己作品的标题中，比如#98k#、#七夕#、#长胖50斤会怎样#、#爱你不止三千遍#等，对提升视频热度都带来了可观的效果。

IP 大剧《扶摇》热播时经常会有经典桥段相关视频播放，还有剧中有关角色的"恶搞"等，剧中二三线演员也会借此热播机会来拍自己的表演视频，借作品火一波。短视频的娱乐化本来就是短视频的特性之一，在不打扰公众人物日常生活的前提下，通过蹭明星热度、与明星互动来提升视频热度未尝不可。

生活节奏越来越快，及时性就显得更加重要。及时关注热搜中的热点，关注生活新闻，在相关的视频作品中引用热词、热点等，能够提升视频热度。

俗语法

俗语是中国民间流传的通俗语句，包括谚语、口头禅、俗话等，这类句子往往话糙理不糙，特别接地气。

用这类句子作为标题，可以起到引人入胜的效果，当你在抖音看到一个标题是"俗话说：人丑就得多读书"，那么你就会想点进去看看这人究竟是美是丑，这样就达到了吸睛的效果。

设问法

设问法区别于疑问法，疑问法的问句是视频内容的归纳，设问法的问句是视频内容的一部分，能够激发观众的兴趣，带动观众情绪同时还能够引起评论区互动。故意设置疑问，再通过视频回答出来，通常会收到意想不到的反差效果。

比如博主"争气的pp"的一条视频"对普通女生说不，对绿茶该说什么？"答案在视频中：对普通女生说不，对绿茶该说"滚"。博主"槟榔妹"的作品一共52条，只有一条视频作品获赞上万，并且有48.5万个赞，标题为

"想知道有花臂的男人平时都在干什么吗?"同时标题中带有标签#男朋友#文身#社会人#,视频内容是男朋友给女朋友穿袜子、做饭、帮女朋友画画、喂女朋友吃饭、帮女朋友写作业,视频中温柔的男朋友与标题中"文身""社会人""花臂男人"的大众认知印象形成反差,出乎意料的暖男形象在设问中更加显眼。

电影台词法

经典的电影作品往往会有广为流传的金句出现,将某个电影的金句作为视频标题就是电影台词法。

抖音号"经典电影语录"的视频"缘分这事能不负对方就好,想不负此生真的很难!"点赞量70万,转发6.8万,视频内容就是用的电影原镜头。你可能要吐槽为什么简单搬运电影情节就能有这么多赞?

只看这个标题我就觉得这么多赞和转发是应该的,和情感挂钩并且带伤感和遗憾的文字本来就很触动人心,用这类金句来作标题,不看内容就能吸一波点赞。

好奇法

如果标题为"爱情错觉",你会好奇"爱情错觉"是什么,不知不觉一直看到最后完播了这条视频。博主说:"还记得那天有个男孩拿掉了我手里的那杯酒,虽然杯里的酒并不多,半杯耶格里兑的一半都是红牛,但是我的心颤了一下,我以为我遇到了爱情。"前半段的内容满足了观众对于爱情的期待,后半段却画风突变,博主也从温柔变得气愤,"结果,他给我递了杯纯的,还甩了一句,你能不能行了?我能不能行了?只要你不跟我谈感情,就算我不行也得行!整事?"看完后你笑个不停!

没错,是爱情错觉。这则视频的标题简单粗暴地概括了视频"错觉"的内容,用比较有吸引力与渲染力的"错觉"作题目让人看视频前充满好奇,看视频时依旧想探索错觉,等待错觉,看完视频后也认为确实是错觉。题目简单但能制造悬念,是成功标题的范本作品。

"金银花"的一条视频标题为"如何'惩罚'女生，让她变得要多乖有多乖"，热度也很高，点赞数有121万+，这类标题好奇男女通吃，到最后的翻转效果"你还想惩罚你女朋友？"会带动观众认可的情绪进行点赞，这个标题的效果可见一斑。

对比法

标题与内容形成对比，可以带来原本视频内容达不到的效果，是一种提升作品质量的好方法。狗狗跳舞与爱情有关系吗？没有。一只泰迪狗狗跳舞的视频很可爱，标题为"能给你带来快乐的不一定是爱情"，点赞数242万+，评论数9.5万+。优秀的标题丰富了视频的含义，触动了观众的情绪，或许还能安慰一些失恋的人，凭此圈粉。

选定标题，除了拟题目的技巧，还需要考虑大众的接受度。视频的点赞数和评论数都由观众决定，标题对视频的完播率与互动率有直接影响。

网红博主会通过直播等方式号召粉丝加入粉丝群，建粉丝群的作用之一就是帮博主选定最终的标题。博主将拟定好的标题列表投票，粉丝来做出选择。这样也会提升粉丝的参与度，对于视频标题的效果也更有保证。

所以在名气上升期，拥有自己的粉丝基础后，要建立自己的粉丝群，为自己营造更大的支持后台。

"成功的作品是要以综合因素来考量的。要有好的剧本，好的演员，好的投资商，就像个链条，每一个环节都很必不可少。"标题是短视频的重要部分，好标题会带来意想不到的传播效果

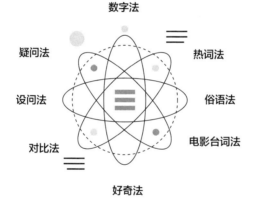

第 7 节
团队：3 个培训步骤 +2 个管理模式

在短视频 App 上，从不缺具有才艺的俊男靓女，但大多并没有走入大众的视野当中，说到这里，我们就不得不来聊一聊靠舞蹈走红的代古拉 k 了。代古拉 k 的舞蹈其实并没有多么出彩，长相在一众网红里也很一般，但她的笑很有感染力，代古拉 k 在抖音上的粉丝数是 2365.2 万，获赞数是 2 亿！

这是一个庞大的数字，要知道杨幂在抖音上的粉丝也只有 1593.3 万。代古拉 k 一夜爆红的背后是谁在支撑她呢？这家公司的名字叫作"洋葱视频"。在天眼查上，洋葱视频的介绍是这样的：洋葱视频集团是一家短视频 MCN 自媒体平台，主要业务为打造短视频内容 IP，即孵化网红，专门进行培养、孵化红人 IP，建立 IP 矩阵并商业化运作，使产品的盈利达到最大化。洋葱视频旗下的网红还有七舅姥爷、野红梅等，而由洋葱视频打造的办公室小野已经打破了 YouTube 华人和亚洲创作者的成长纪录，在 Facebook 上办公室小野同样打破了平台的增速纪录，成为亚太区粉丝第一的视频博主。

可见，要做成一件大事，一定需要集体的力量。组成一个团队需要很多步骤，也需要去磨合。下面，我会教大家搭建一个游戏世界，而你作为这个游戏的主宰，去设置薪酬，去选候选人，去管理、培训你的团队。

设置薪酬的规则：搭建一个游戏世界

组建一个团队，绕不开的一个问题就是对于成员薪酬的设置，那么要怎么设置薪酬才合理呢？我先来问你一个问题，你现在有两个选择，一个是有 7000 元稳定的月薪，一个是有 3000 元底薪，也就是说你干得不好，可以有 3000 元的底薪，若你干得好就可以有 8000 元、9000 元甚至上万的工资，你会怎么选择呢？

大多数人会选择第二种，这样，他就进入了你的游戏世界。首先，你要告诉他，底薪可能很低，只有 2000 元或者 3000 元，然后按他的绩效来算，他主导发布一条视频或制作一条视频就给他算钱，但这条视频算多少钱，不一定。如果说播放量或点赞数到了平时的两倍，那他的钱也翻倍。他平常在团队内贡献一些选题，或贡献一些可以被采用的建议都可以给他算钱，同时每个月在团队内评出爆款之王，并提供额外的奖金。这样就可以激励大家，每月可以拿到多少钱都可以自己算出来，"你所获得的一切，不是老板说了算，而是你说了算"。

我们刚刚聊了关于薪酬的问题，那么下一步就是如何选中候选人。

如何选中候选人

首先，发布招聘帖，先有第一批候选人；然后让他们体验一下工作的全流程，体验我们平时做什么事情。比如我们平时经常开选题会，那就开个选题会；我们平时经常想选题，想脚本，那就给他们出一些关于选题和脚本的笔试题。

选题会可以采用无领导小组讨论的形式，也可以采用三四个人一起群面的形式，作为面试官，你可以给应聘人一个方向，主要看他的思考、表达和创造能力。

对于面试，我在这里举个例子。我在一对一面试的时候会让应聘人讲两个故事，一个是开心的故事，一个是难过的故事。因为短视频传播内容的本质是情绪，只要会表达，就有写故事的能力。

笔试题一般有三个，第一个是如何给视频写一个描述，也就是写一个标题。第二个是如何给视频定一个好的选题。第三个是如何给视频写脚本。这三个笔试题对应不同的分数，第三个笔试题的分数可以设置得高一点。

组建好团队后，首先要做的就是培训。

3个培训步骤：分析爆款，分享，实操

在这里，我把培训分为三个步骤：

第一步，让候选人分析爆款，先分析50条爆款短视频，分析选题哪里好，描述哪里好，时长有多少，包装怎么样，个人的定位是什么，把这些东西全部分析出来，会有一个大概的了解和归类。

第二步，分析完以后，让候选人做分享，让他们自己去体会，去感受。很多人现在总在接受别人现成的东西，

时间一长就丧失了思考能力。要记住一句话，就是永远保持思考的能力，答案本身是没有意义的，有意义的是思考的过程。你可以基于候选人的思考，提炼一个共性的东西，然后给他们做一个更系统的培训。首先是在你讲之前先让他们自己去想一下，写完以后，你再给他讲一下，然后他会对你信服。

第三步就是去做，这是最重要的一步。我觉得未来企业管理者不是老板，不是上级，而是教练，你要发挥你的员工的潜能，你要让他知道更多的知识，让他变得更有价值，让他变得更崇拜你。这样，你才是成功的。所以，在团队中，你一定要成为一个教练，帮团队成员复盘。

2个管理模式：1V1，OKR

在组建团队之后，管理的好坏对团队的发展有着巨大的影响。在这里我要提两个管理模式。

1V1模式：我给企业当顾问的时候，经常会和员工进行1V1谈心。我不会聊具体工作，我聊你的梦想是什么，你最近和公司的战略有没有不吻合，公司能为你做什么。因为有公司在管，所以我从来不问公司他能为公司做什么。一个人在公司里待着，他必须要为公司做事情，我要问公司能为他做什么。这样才能就激发更多的动力，我认为管理的核心不是压抑，而是释放。释放员工天性中的优势。制定好游戏规则以后，就让他们大胆去做。

OKR模式：O是目标的意思，KR是关键成果。OKR的核心点就是我指定目标，至于目标怎么达成，能拆解出来几条路径来，我不管，只要达成目标就行。

5G时代即将全面到来，短视频这个领域的竞争越来越激烈，除了要拼实力，比独特，更多的是需要大家发挥各自所长，去合作共同做好这件事。papi酱是有实力的，可若是没有罗辑思维的那次拍卖，网红电商变现的时代不会打开；代古拉k的风格是很独特的，但若是没有团队的力捧，热度也持续不了多久；还有现在拍情景剧而受大家喜欢的"祝晓晗"，若没有团队的策划剪辑，只靠她的演技也无法火起来。奥斯特洛夫斯基说："谁若认为自己是圣人，是埋没了的天才，谁若与集体脱离，谁的命运就要悲哀。

集体什么时候都能提高你,并且使你两脚站得稳。"在这个时代中,做什么事情都需要相互协作,毕竟靠团队一起创造出来的东西才会是有趣且高质量的。

最后,送给大家一句韦伯斯特说过的话:"人们在一起可以做出单独一个人所不能做出的事业;智慧、双手、力量结合在一起,几乎是万能的。"

第 3 章

通过后期锦上添花

人人都能做出
爆款**短视频**

第1节
时长：不同时长带来的影响

提升短视频的完播率，增加短视频的播放次数，时长是最直接的影响因素。

坊间传闻"视频越短，越容易火"。其实是因为短视频越短，观众越容易看完，完播率越高，所以更容易火起来。视频的长短影响完播率，对于短视频时长的把控，是内容生产者一定要掌握的关卡。

有些内容 15 秒以内足够传达清楚，那么第 16 秒就不应该有。比如自述式博主"丑丑"，其视频标志性结束语是"给 LZ gong"，配有独特的闭眼睛不屑的表情，是他的作品区别于其他视频作品的特色。"丑丑"对于视频节奏的把控很好，其所有视频的包装都大体一致，

说话风格略微带有地方特色，所有视频作品的节奏都大体一致，是"丑丑"自述节奏的统一。"丑丑"对于不同系列视频作品时长的把控也恰到好处。其中一条标题为"当代年轻人 App 正确打开方式！一定要看到最后！最后有惊喜！！！"的视频 15 秒左右，从进入视频开始就直接进入主题，丑丑自述："当代年轻人 App 打开方式，电话，用来拿外卖，微信，用来打电话，信息，用来收验证码，B 站，用来学习，微博，用来当百度，支付宝，用来种树养鸡，相册，用来存表情包，抖音，用来上厕所，（这里重点重复一次）用来上厕所，而我的抖音，用来"给 LZ gong"（很多同一句结语的画面）"。这则视频大概 15 秒长，没有浪费一点观众的时间传达了丰富的信息。

15 秒是观众能接收到成体系的信息的一个时长节点。

他的另外一些系列视频"带直男了解女生"篇、"闺蜜"篇、"给情侣们建议"篇等，时长在 30 秒左右。"丑丑"会根据视频不同内容的输出，调整视频的时长，内容中涉及两个或多个对象时，将视频时长控制在 30 秒左右，视频在此时长限度下允许对象角色的转换，能给人带来完整对比、接受建议的感受。

"唐痘痘"与奶奶配合的视频长度也在 15 秒以内完成，因为有奶奶的配合所以保证了视频内容的充实，15 秒以内点到为止。"代古拉 k"的舞蹈视频时长在 15 秒左右，舞蹈视频拍摄 15 秒是合适的时长。

"coco 这个李文"靠抖音唱 rap 视频吸引了 165 万＋粉丝，他的说唱视频在固定的场景中确定不同的主题，将时长限制在 15 秒到 20 秒进入视频后直接就是李文说唱的声音，吸引观众的听觉，因为歌词紧凑、内容结构完整，所以视频完播率与回播率都很高，15 秒到 20 秒的时长范围也让观众都接受认可，听完一遍想再听一遍。

"coco 这个李文"有个标题为"论男生求生欲有多强，太难了……"的视频，内容是李文唱歌"那当然是——不用管我私房钱，不敢吼我温柔甜，只要脸色一变马上乖乖站到我面前"，之后出现女生声音打断："你说什么？"男生开始表现求胜欲回答道："唱错了唱错了！当然是刷爆我的卡，知道我所有的密码，只要我一不听话上来就是给我一顿打。"女生声音："这才对嘛，乖。"之后李文转身离开画面大概半秒时间，视频时长总共 20 秒左右，没有一点是无效时间。

李文将视频时长与自己的特色有效结合起来，说唱在短视频中有内容输出且节奏快有吸引力，恰到好处的时长，观众第二次看、第三次看……观众不想滑动版面，继续听李文说唱回播，就会产生更高的完播率，这是李文说唱视频流量越来越高的原因。

情感博主"争气的 pp"制作的视频时长大多在 45 秒左右，对于情侣交往出现的问题给出解决办法，视频内容中大概前 10 秒是情侣摩擦问题，pp 作为旁观者观察问题，中间 15 秒，pp 给出男生建议，接着 15 秒是 pp 总结这个问题并给出归纳性的见解，最后会出现 pp 的经典结束语"男人就我一个好东西"，并且给自己竖起大拇指的手势动作。作品"每天都会看到很多女生@自己男朋友，但是很少有男生回复。男生一定要认真回复女朋友的每次@！"的视频，素材现实日常，内容简单直接，视频中一对情侣与 pp 迎面走来入场：

女生："唉，是 pp 吗，你是我最喜欢的情感博主，我经常在你的视频底下@我男朋友。"

pp 甩头发回答："那他怎么说？"

女生生气地说："他不回我。"

男生说："你们这些情感博主，一天大在这里乱讲，把我女朋友都带坏了，你以后少看点他的视频啊，走。"

pp 接着说："大哥大哥别走，给个机会行不行。"

男生回头："咋地啦？"

pp 解释说："是这样的，大哥，我承认我为了走红不择手段，但是，她不是我教坏的，她又不是傻子，是你们之间本来就有这些问题，刚好我的视频说到了，而且她@你，你为什么不回她？"

男生回答说："我不是怕她变本加厉吗？"

pp接着说："她@你，又不是非要你照着做，她是希望你们变得更好，等哪天她不@你了，就是觉得你们俩就这样了，没得搞了，你回她一下，不会怎么样的。"

女生点头说"嗯嗯"，情景到这里结束。

pp最后建议说"所以男生一定要认真对待女生的每一个@，男人就我一个好东西。"

情侣中的男生加入过来说"pp这不行"，之后是pp和男生一起在画面中说"男人就我们两个好东西"，视频结束。

最后的一句两人一起说的结语，让观众明白男生在pp建议之后进行了反思，知错能改，更能带动观众听取pp的建议，这是这则视频相比于pp其他视频结尾的新举，锦上添花。在45秒左右的时长控制下传达最多的信息量，解决问题并提出建议。

带有故事情节的小视频，最合适的时长可以参考"七舅脑爷"的视频作品。七舅脑爷与视频中的女朋友的故事，在观众可以接受的速度下呈现，因为配有旁白，所以观众的接受度更高，内容播送比较顺畅，不给观众停顿的时间，而是直接在有效的时间内将内容传输完，大概60秒的时长保证了故事的完整度与立体传播感。他的视频作品有100多个，视频质量很高，风格一致，都是情感类故事。将时长控制在60秒以内，能够让观众情绪随故事线进行变化，也能尽可能完整地表达故事内容，两个人的对话节奏与日常对话节奏差不多，而七舅脑爷，也就是视频男主的心理活动自白，节奏较快，视频中没有浪费一点时间。

比如，作品"可能爱一个人最爱的诠释，就是希望她永远活在童话里……"，内容是七舅脑爷为了与自己暗恋的女神认识，设计了一个"套路"。七舅脑爷在视频中自白"你可能也感觉得出来此时的我很紧张，十秒钟之后我的女神就会主动上来拍我的肩膀，说出来你可能不信，我已经暗恋了她半年多了，这个女孩儿温柔善良，尤其笑起来的时候有一种特殊的感染力，我们上下班都是同路，即使每天我都看得见她，但是她从来没有发现过我的存在，直到我今天特意安排了……"接着女主角的声音"你好，能帮个忙吗？那边有个女孩儿晕倒了。"画面是七舅脑爷把女孩背上车，又出现他悄悄和晕倒的女孩儿说话的场景，再继续是七舅脑爷的自白"可能你已经猜到了，没错，这个女孩儿是我找来的，只有这样被动地相识，才能让她更愿意信任我"，画面是女主角焦急地看手机的样子，这时七舅脑爷对女主角说："我看你应该有急事，要不你留一电话给我，我到医院以后告诉你结果吧。"接着出现女主角和七舅脑爷交换电话号码的画面，接着是七舅脑爷的自白"我，算不上什么好人，只是，想让她活在童话里"。视频中没有一句多余的话，场景切换快，节奏跟进快，配有自白的声音能带动观众情绪，七舅脑爷的视频作品都是这样衔接自如且节奏适中，故事完整而情绪丰富的。

将故事情节完整的内容制作成小视频，60秒之内足以将故事叙述完整，同时引领观众情绪变化，将故事讲到观众心里。过短则情绪传递效果差，过长则故事进度拖泥带水，60秒即可。

还有最近很火的vlog视频，像分享旅行的"itsRae""DAD与她的船长""房琪kiki"，分享北漂生活的"羽仔""史别别""奔跑的路西"等，其视频时长大多都是在40秒到60秒之间，语速和节奏很快，时间没有一点被浪费。

我曾看过一个视频,主要内容是男生女生谈恋爱,前5秒都在展示恋爱背景——那片草原多美,后面才有男生女生入镜,开始主要情节的展现。这种先展现美好场景的渲染力,再进入主题的方式,在长视频诸如电视剧、电影中适用,但是在短视频中却是没有必要的,或者说是错误的。短视频的短就意味着节奏快,意味着讲重点,不需要无效时间,否则会弄巧成拙,降低视频质量。15 秒能搞定的视频,第 16 秒就是多余的。当然也不用为了凑够 15秒,把原本 8 秒就可以表达清楚的事扩展到不必要的长度。

在短视频这个梦空间中,你能走多远,都是观众滑下手指就能决定的事。

算法推荐逻辑中重要的一条是:下一个比上一个好。在短视频这个内容大广场中,每条视频滑过的成本太低了,随手上滑就是下一条,再滑过又是一条。短视频能否在观众眼中停下,能否吸引住观众,3 秒时间足够了。如果 3 秒内没有吸引到观众而被滑过流失,短视频就难以被推荐到更广阔的推荐池中,流量会越来越少。

高手过招,招招致命。在短视频世界中,时长短是最基本的入场券。胜败其实就在 1 秒之间,1 秒高效输出则胜，1秒无效输出则负。在短视频玩法中，时长中的每1秒都关系着视频的内容密度与输出节奏，时长缩短了，1秒的重要性就更强了。每1秒都有效，是短视频内容的硬性要求，是优质短视频的标准。

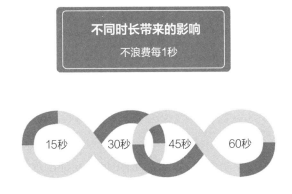

第 2 节
包装：5 种方案，视觉决定体验

"美的形象是丰富多彩的，而美也是到处出现的。人类本性中就有普遍的爱美的要求。"黑格尔这样表达对美的追求。

在短视频世界中，因为技术的革新换代与展示方式的丰富多元，视频的制作有更多样式、更多方向可以去尝试和探索。满足视觉效果的包装方案也是作品本身成功的一环。以下五种包装方式给大家参考，以合适的包装方式制作视频，是视频制作者应该掌握的本领。

在短视频平台上，"颜值即正义"。长相好看的人容易被更多的人喜欢，打扮好看的人容易给更多的人留下好印象，漂亮的衣服更会卖出好价钱，看起来好看的食物更让人期待味道，养眼的总是会更受到青睐。

制作短视频也是这个道理。包装更好的短视频，更能给观众带来视频想营造的氛围感受，会让观众看起来更舒服，更能调动观众的情绪。

好的内容，有好的包装，是锦上添花。内容一般，而包装精致独特，也会带来很好的收视效果。

最基本的包装，是短视频产出需要满足的最基本的视频标准。大概包括以下几点：720P以上的分辨率（除拍客、监控等特殊系统）；视频码率大于1.5m；不出现水印与模糊块；横屏内容的短视频上下部分不做高斯模糊处理；字幕美观，不遮挡核心要素（视频中的重要内容标志等）。

除基础包装外，大多有能力、有精力的短视频创作者会应用更多种方式包装短视频，包括设计版面、转场特效等。为了短视频能够有更高的质量与更好的传播效果，短视频创作者对于短视频的包装越来越重视，包装后的短视频也越来越好看，越来越能吸引大众的视线，也更能得到平台的青睐，从而得到更多被推荐的机会。

下面几种包装方式较常规，为创作者提供参考，适用于各种不同类型的短视频。

竖屏方式，优化观看体验

在抖音上火起来的"宋春江"，是最抢眼的长腿摄影师，他的视频内容都是他以不同的打扮风格、做不同的姿势动作、找不同的拍摄角度的拍摄镜头合集。所有不同动作的相同之处就是宋春江那惊艳的长腿。为了把长腿表现得更完整更立体更有冲击力，他采取了竖屏的方式，给双腿带来最佳的表现效果。

讲述故事的短视频以竖屏效果展现更生活化、更立体化。比如"叁木大人"和"七舅脑爷"的情侣故事类短视频，以竖屏方式展现，更能带观众进入故事氛围中。很容易理解，因为竖屏模式是能够占满手机屏幕的，观众与短视频内容的距离更容易拉近。这是竖屏方式最大的优点。

伪竖屏方式，画面占比扩大

伪竖屏是因为手机拍摄画面比例问题，或者手机款式不同拍摄的尺寸不同，为了在屏幕上表现出更好的画面效果，所以采用伪竖屏方式。另外还可能是横屏模式表现不够充分，内容表达不够完整充实，或者是为了两个横屏形成对比的效果，从而采用的伪竖屏方式。

伪竖屏的包装模式是横屏与竖屏的再修饰或者优化。以下两个案例就能够表现伪竖屏模式的包装效果：一个是非竖屏满屏的拍摄尺寸进行修饰后，再添加上下字幕内容形成视频呈现的效果；另一个是上下横屏排列形成对比。

横屏方式，提升沉浸效果

横屏分为两种方式，一种是只有中间横屏，上面下面部分留白，给出字幕或者装饰背景；另一种是两个或者三个屏幕都是同样的内容，做成并列排放的屏幕拼接，算是横屏的方式给出竖屏的效果，也算是另外一种伪竖屏方式。

"野比小音"的视频以横屏方式展现情侣两人互动的甜蜜场景，上下留白，能够让观众的视线锁定在横屏范围内，聚焦于更小更精准的位置，像是在捕捉生活场景一样的展示方式,视线范围越小,越能锁定目标。另外一些 vlog 桥段采用横屏的方式也是这个道理。横屏的表达效果更多的是记录,镜头感更足。

"我在人间捡故事"的视频内容大多是以文字稿讲故事的形式出现,但是有时也会用视频展现生活真实场景,比如标题为"相濡以沫,白头偕老"的视频,用横屏记录,以三个横屏并列拼接的方式展现视频内容,相比于单个横屏展示,更有饱满的情感融入,手机屏幕都是老夫老妻恩爱的场景展现,起到强调突出的作用。三张屏幕同样的动作,同样的字母,带给观众进入小视频的沉浸环境之中。

字幕字体，增强传达效果

字幕是观众一定会看的内容。

字幕不是必要的，但是字幕对于短视频内容的传达效果只会有增无减。

为什么要添加字幕？字幕的用途主要有三方面：一是在快闪短视频中会有不同样式的字幕切换，如果快闪短视频只有字幕的输出，则对于字幕大小、方向的变换有非常高的要求，相当于字幕视频，字幕就是视频内容；二是对视频的解说,视频中的字幕是对视频内容的概括标记等,作为场外字幕出现,在其中作为内容的补充与装点,字幕的位置非常重要,对于画面内容不能有遮挡,同时需要在恰当的时间插入;三是剧情对话或者故事自白的字幕,在屏幕确定的位置出现,上方或者下方都可以,字体的大小也是统一的,这里字幕的作用就是增进表达效果,使故事内容输出更加清楚,和电视剧、电影中画面中下方的字幕跟进是同样的作用。

上图"姐夫"的视频中横屏上下方都有字幕，上方的字幕"#Vlog折磨王"是"姐夫"视频系列的名字，"姐夫"有很多不同系列的小视频，比如"挑战365天惹老婆生气""真男人"等，其中的字幕就是对视频内容的概括，在视频上方位置给人标题感，一目了然。"姐夫"这条视频内容下方的字幕是视频中对话的配字，让视频内容更清楚流畅。

"隔壁老王"的视频很善于利用字幕跟进视频节奏，这一帧画面中的"俺河南人很安静，很本分，很老实，也很可爱！"配字，从上到下依次出现，伴随博主说话的节奏，给出文字，给人冲击力，增强表达感，声画字幕结合，传播效果实现最大化。

字幕是短视频中最灵活的要素，可以在不同的位置插入，在不同的时间插入，插入不同颜色、字号、风格的字体。同时，字体也是保持个人视频风格的标志之一，可以参考"幻想家姜时一""温格夫妇""叮叮叮"等创作者的视频进行学习。

关于字体，受欢迎的、被喜欢的，不一定是最好看的，但一定是最适合的。

水印处理，宣传恰到好处

在短视频平台发布视频，一定要注意做好水印的处理，既要体现自己的特色，又不能影响观看，使宣传恰到好处。

谈包装，视频包装之外，更大视角的账号包装，也是运营短视频账号的锦囊妙药。从头像到昵称再到简介，每一部分都是账号风格的体现，只有每部分都包装到位，才能做成有灵魂的账号。

比如"争气的pp""闹腾男孩KC""努力要上天"等账号的头像、简介、背景图等，都是为账号内容服务的典型。这里对于主页的包装不加赘述，前面章节可供大家参考。

而有一些不合理的包装方式，这里也给大家说明，大家应尽量避雷。

下图画面的重点内容位于屏幕上半部分，下半部分为无效内容，版面布局不合理。

下图中屏幕未位于中间位置，视线在屏幕中心上方，字幕空间布局和字号大小不合理，下方空间大，字幕宽松，上方太靠上，视觉上不理想。

谈视觉效果，对美的追求的确是因人而异的，但是优质的作品一定有共性，发掘到这些优质点能为视频制作增光添色，包装上的功夫也有一番道理。

因为技术的更新换代与展示方式的丰富多元，短视频的制作有更多样式、更多方向可以尝试、探索。满足视觉效果的包装方案也是作品本身成功的一环。以合适的包装方式制作视频,是视频制作者应该掌握的本领。

追求视频作品的质量,是对自己作品的负责,更是对视频观众的负责。给视频一个好的包装,给视频润色添彩,更能让视频"火"起来。给账号一个好的包装,贯彻一个统一的灵魂进行打造,更能让账号成功。

短视频世界,不负有心人。

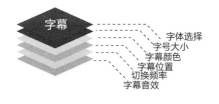

第 3 节
BGM：如何用好 BGM

音乐的价值是什么？我曾看到一句话："人对世界的感悟，往往需要表达出来。"

这些感悟有时候难以用语言表达，通过音乐表达更能让人接受。音乐充满艺术感，富有灵魂，多变而丰富，不拘一格也有规律可循。

在短视频世界中，背景音乐是平凡的，也是独特的。可以说，音乐是短视频世界的后花园，内容氛围取决于听觉效果。

音乐对于画面内容的传达效果有质的提升，对于音效的应用成为短视频制作者越来越看重的因素。

如今几乎每则短视频都配有背景音乐，这有必要吗？一定是有的。

第一，画面中对白不是一直都有的，其间造成的音轨空白会切断观众跟进故事节奏，如果有背景音乐的设置，则听觉线不会被切断，观众情绪就会一直随画面跟进，对于故事的完整性传达有重要意义。

第二，背景音乐是塑造氛围的最有效机关，没有之一。选择与短视频故事内容情调相符的背景音乐，能给故事情节作铺垫，也更能激发观众情绪。大家可以看一部恐怖片做实验：如果调静音看恐怖片的话，其实会感觉并没有那么恐怖。

第三，短视频在技术空前革新的时代下蔓延，观众对短视频的品质要求越来越高，没有背景音乐的短视频越来越少。背景音乐不仅是必备条件，而且越来越多的视频配合背景音乐进行制作，这也是短视频市场在背景音乐方面的新玩法。很容易理解，一定时期很火的歌曲片段或视频配音片段，都会有博主出来配这段歌曲的手指舞或者嘴型唱歌等，比如"买了佛冷"（《I love Poland》）的音乐视频，"一起学猫叫"等明星仿唱视频，还有《野狼disco》配跳舞视频，等等。

背景音乐的功能

所以,与短视频内容直接相关也好,不直接相关也好,无关也好,背景音乐都是必要的一环,是短视频动态的体现。

"朱佳航"的 vlog 视频就很善于利用合适的背景音乐,她的视频内容很丰富,应用背景音乐的整体效果也非常好。她的视频作品"来北京第三周""人生中的第一桶金""父亲节快乐"等,都是用充分的语音自白讲述自己的生活与经历,配有合适的背景音乐为视频营造氛围。朱佳航的技巧是背景音乐渐入,音量渐强,但音量一定不会盖过自己独白的音量,背景音乐可以说是视频的补充,也可以说是视频氛围的基调牌,她的视频因为背景音乐的选择给人舒缓轻松的感受。尽管是在北京忙碌的生活,但视频内容的描述并不会给人紧张与压力感,即使是表达情感压抑的内容,也会哀而不伤,平淡又给人心灵的冲撞感。朱佳航视频成功的原因,内容的丰富与励志积极的风格之外,背景音乐功不可没。

试想，如果朱佳航的视频没有背景音乐，只有自己独白的视频感受，相比较来看，你就会发现背景音乐牵动情绪的奇妙。没有背景音乐，视频就会单调干瘪，没有氛围感与情景感，视频灵魂不满格，也没有牵动情绪的活跃性。只有背景音乐存在，才是"朱佳航"的感觉。下面再列举一些优秀案例给大家参考。

"小红小何"的视频"女朋友的反击之，藏手机（上）"，讲的是在家里女朋友把男朋友的手机藏起来，男朋友求女朋友还手机的事。这是情侣之间发生的事，但是情节是在家里开玩笑，不是一般情侣的"甜腻"爱情日常故事，所以采用的背景音乐不是温馨、充满"粉红泡泡"的情歌，而是滑稽幽默能够活跃氛围的背景音乐，很符合故事氛围，轻松欢乐。"姐夫"的视频是夫妻之间的日常琐事，所以"姐夫"视频的背景音乐轻松活跃，搞笑风居多。

"鬼鬼 Jasmia"的视频内容以情侣之间发生的感动对方的事为主，她的视频背景音乐多是抒情歌曲，温柔舒缓。爱情类视频内容选择的背景音乐，要对故事情绪有契合度，来满足爱情中不同情绪的表现，这里可以参考"叁木大人"视频中对于背景音乐的选择。爱情系列故事的节奏掌握参考"七舅脑爷"的背景音乐，每个不同的小故事的转场插入的背景音乐都很合适，背景音乐推进故事的节奏、挑动观众情绪的变化都很到位。

"滚滚不是广坤"的视频主角是宠物狗与猫，背景音乐都是轻松活泼可爱的风格，视频只搭配了字幕而没有对白的声音，所以音乐是视频的唯一声音轨道。这里选择的背景音乐更活泼、更灵动跳跃，不会出现掩盖住人声的问题。搞笑类视频大家可以参考"久久搞笑"的背景音乐，"久久搞笑"的一些视频都是根据不同内容选择的不同风格的背景音乐，但是因为与内容搭配的协调性，所以虽然有不同情绪的背景音乐的插入，但是依旧让人感觉是"久久搞笑"的风格。

带货王李佳琦的美妆视频的背景音乐基本上都是轻松的轻音乐，给观众的刺激不大，不会产生视频中背景音乐喧宾夺主的情况，观众会注意到李佳琦输出内容的重点，同时在背景音乐塑造的氛围中进入轻松的环境，在放松没有防备的心理下被李佳琦带货成功。关于美妆博主视频背景音乐的选择可以参考"豆豆_ Babe"和"鲁七七 Seven"的美妆视频。

穿搭类博主视频的背景音乐一般节奏感都比较强，在每个重拍时可以切换着装的背景音乐，适合穿搭博主换衣服展示的节奏。"EZ14的种草机"是优秀的穿搭博主，视频背景音乐用得都很合适。博主"姑妈有范儿"的视频都是以抖音最火的背景音乐推荐为创作基础的，抖音的背景音乐火到哪首歌，姑妈的视频就跟哪首歌上。蹭音乐热度发视频，再加上姑妈本身会经营自己的气质，就足足给姑妈带来109.5万+的粉丝了。

以上类别不完整，只作为经典案例供大家参考。选择BGM的基础要求有三：一是与视频内容不冲突，与视频内容风格保持协调一致；二是音量需要调在人声音量以下，保证人声的清楚，人声与BGM的叠加差距6个分贝点为最佳；三是背景音乐的节奏跟进内容节奏，或快或慢都不合适，声音调速不超过130%，110%到125%为最佳。

添加背景音乐的操作步骤很简单，根据短视频应用的提示就可以完成，抖音本身就有很多背景音乐推荐的选择，当然，你也可以上传自己做好的声画完整的视频。

受欢迎的背景音乐要么正流行，要么有情感植入点。

第 3 章　通过后期锦上添花

（数据来源：飞瓜数据）

抓住了观众的耳朵,至少抓住了观众前三秒对视频的兴趣。背景音乐用得好,不仅可以引导观众情绪,渲染视频氛围,提升视频效果,对于视频的完播率与互动率也有很大作用。观众喜欢的背景音乐当然愿意多听几遍,或者感兴趣的就会在评论区问背景音乐的来源。

短视频新手可以先从短视频背景音乐热榜入手制作视频,蹭音乐热度,同时丰富自己视频的内容,从而渐渐成长起来。

第 4 章

通过运营加速度成长

人人都能做出
爆款**短视频**

第 1 节
时间：几点发让你的视频事半功倍

无论做什么事情，只要找到正确的方法，就会达到事半功倍的效果。在短视频的世界中，时间就是一剂助力剂，通过调查，只要遵循两天四点的原则，就可以助力你的短视频更快速地传播。本节将通过分析为大家找到几个黄金时间，好好利用这几个时间段，结合优质内容，相信你就可以快速上手。

很多时候，普通用户的短视频发出来之后并没有很多人关注到，就算有些短视频可以称得上是精品，却往往没有很多点赞量。其实不是你的短视频不够好，有很大可能是因为你没有在对的时间发对的短视频。"天时，地利，人和"，放在短视频运营这里也同样适用。

数据显示，短视频的播放量与点赞数其实是和发布时间密切相关的，掌握好发布时间，就可以让用户注意到你，慢慢地，你的粉丝就会变多。说到这儿很多人就会问了，难道短视频不是人们利用碎片化时间才会去刷的吗，哪有选时间这一说？但据统计显示，有60%的用户会在相对固定的时间刷抖音，而仅仅有10%的用户，会利用碎片化的时间刷抖音。下面将为大家介绍发布短视频的黄金时间段，也就是传说中的"两天四点"。

两天就是周六和周日这两天。这两天是用户刷抖音时间最自由的两天，在这两天，你也是最自由的，想什么时候发就什么时候发。关于4点，不是上午4点也不是下午4点，而是周一到周五的四个时间段。第一个时间段是早上的7点到9点，这段时间很多人都是刚刚睡醒，早上起来第一件事就是拿起手机刷一刷，"早上起来，拥抱太阳，让身体充满满满的正能量"这类打鸡血的视频是比较适合用户看的。接下来就是早餐时间，大家会刷一刷怎么做早餐，或者哪里的早餐好吃这样的视频。再接下来就是去上班的路上，这时候，如果觉得朝九晚五的工作有些枯燥，那励志的视频就正合适。第二个时间段是中午的12点到下午1点，这个时间段一般是午餐时间，刷刷视频聊聊天，总算能松口气，享受一下自己的世界。第三个时间段是下午的4

点到6点,这个时候很多人的工作到了收尾阶段,刷刷抖音消磨消磨时间,等着下班。第四个时间是晚上9点到10点,这个时间段是大部分人最放松的时间,在劳累的一天结束后,只想躺在沙发上玩玩手机,看看视频,看一些自己关注的帅哥美女,心情也能跟着靓丽起来。只要把握好"两天四点",发布合适的内容,相信你的短视频的观看数可以飞速增长。

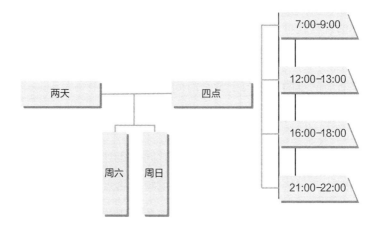

刚刚给大家讲的是最传统、不出错的发布短视频的时间点,接下来要讲的是进阶版的发布时间,我们总结为三大类。

第一类是在固定时间发布,也就是自己选择一个固定时间,一直就在这个时间发布,雷打不动,这样的话,用户总在这个时间刷到你,就会对你产生兴趣,而已经是你的粉丝的用户，也会有个固定时间段来看你的新作品。专一会是你的长处，粉丝不用每天猜测你今天是否会发新的内容，每天准时准点搬着小板凳坐在手机前，刷着你的视频，他们就会感到很满足。

第二类是错峰发布，也就是避开"两天四点"，这一招算是兵行险招，这就需要你的视频有一定的含金量。"两天四点"虽然好用，但用的人过多，抖音平台推都推不过来，你的视频就可能会被淹没。如果错峰发布，虽然用户量可能会少一些，但你上热门的机会也大。当然，错峰发布也是有时间点的，在四个黄金时间段的前后半个小时到一个小时这个区间是最好的，毕竟还是要蹭蹭人流嘛。

第三类是在热点刚刚出来的时间就迅速发送，这个对判断力和创造力有极高要求，短视频的热点除了来自短视频本身外，还与我们的生活息息相关，比如哪吒变身之类的话题成热点后，大家会去搜相关的视频，这时候你的机会就来了，但一定要有自己的特色，这样才能让用户对你感兴趣，迅速记住你。

这三大类就是进阶版的发布时间，需要一定的技术含量，若你还是新手，建议还是脚踏实地勤勤恳恳地按照"两天四点"来发布短视频吧。在"两天四点"中，短视频大 V 发布视频的数量并无多大差距，而他们在周日发布视频的数量比在周一发布的多。在周三、周五、周六发布作品更容易得到大量的赞和评论互动，在周三的时候，很多网红作品的评论数会大于点赞量，而在周五和周六，作品的点赞量又会比评论的数量高。粉丝数 300 万 + 的网红在周三、周五和周六发布的作品中，互动率很高，粉丝数 100 万 ~ 300 万的网红在周五和周六发布的作品的互动率较高。

  不仅仅是发布短视频的时间，世间万物都是有规律可循的，只要掌握好这些规律，就能达到我们想要的效果。当然，有时候需要极大的勇气去跳出一些既定的模式，别人都走阳关道，而你却走独木桥，阳关道熙熙攘攘很多人却走不快，反而独木桥可以潇潇洒洒快速通过。如果想挑战独木桥，那就一定要做好比别人更充分的准备，才能保证万无一失。

第 2 节
站内：学会抱平台大腿

世界上每天都有各种各样的事情发生，被人们高度关注的那些事，就会成为热搜，而成为热搜后，又会被更多的人关注，所以在短视频世界中，我们要学会巧妙地去蹭热搜。但是，蹭热搜也只是普通玩法儿，更重要的，是要学会制造热搜。

微博是近几年来大家常用的社交平台，微博上的热搜榜也是我们上微博时最喜欢刷的地方。微博的热搜榜往往会第一时间将一些社会热点、娱乐八卦展示给我们看，而在热搜榜上的事情往往会成为大众关注度较高的事情，这就利于这些事情的传播。抖音平台推出了热搜榜的功能，和我们使用的微博热搜有很多相似的地方。作为普通用户，想提高浏览量、增加粉丝量，我们大可以利用热搜来吸引注意力，也就是蹭热搜。那么，如何蹭热搜？如何将自己的作品推向热搜？本节为你解答。

怎么抱上热搜的大腿

我把热搜分为两大类，第一类叫作实时热搜。实时热搜的时效性很强，关键词具有非常高的热度，比如开学季在抖音热搜榜上排第五的叫作"孩子开学了，家长解放了"。这个热搜的热度是一时半会儿降不下来的，会持续几天，也给了我们充足的时间去创作相关内容。第二类叫作热门话题榜，比如抖音上"发现精彩"下面的话题，这些话题就是热门话题，基本上每过几个小时就会有变化。热搜话题具有很强的归类性，需要定好自己要拍的主题，然后搜索与你的主题相关的关键词。在这里要注意了，实时热搜榜和热门话题榜的长处各不相同，实时热搜榜出来之后，达到一定关注度才会形成热门话题榜。所以如果要蹭的是实时热搜，就需要制作精良，而如果蹭的是热门话题，在内容上就可以适当降低要求。抖音一直都是以算法向用户推荐视频的，根据用户的浏览量和点赞数来决定热搜，所以一件事情一旦上了热搜，就证明它是有很高的关注度的，如果你的视频可以与热搜挂钩，那你的视频的关注度就会跟着提升。

我们现在了解了热搜的两大类,接下来的重点就是要如何去蹭热搜呢?在这里,同样给大家提供两大法宝。

第一大法宝就是要选择一个热点切入,然后寻找热点的关键词,创作时就围绕这些关键词来进行,或者在你制作好的视频中,寻找类似的关键词加进去,让你的视频有一个或者多个关键词信息,基本上是"一个主热词 + n 个副热词 + 内容 + 视频"的模式。主热词与副热词都可以从热搜排行里找,也可以从热门话题里找,当然两者结合也可以。

上面我提到了"孩子开学了,家长解放了"这个话题,我们可以看到里面的关键词是"开学",抖音音乐人"coco这个李文"就很好地捕捉到了这个关键词,成功蹭到了热点。李文是一个说唱歌手,所有视频都是说唱的形式,他发了一条视频叫作"争第一名到底要有多强,可不可以不要那个奖#开学季"。我们可以看到他的配文是与开学有关的争第一，然后在后面提到了开学季这个话题，这条视频说的是不想争第一，可以说是唱出了很多学生的心声。我们点开"开学季"这个话题，可以看到这个话题的播放量是7.3亿次。李文不仅蹭了这个热点，这段时间，随着《亲爱的，热爱的》的热播，李现频频上热搜，"coco这个李文"的一条视频的配文是："这版《画》你们应该会喜欢，因为有你们的李现欧巴，还有……#李现#画"。李现在剧中是一个口是心非的霸道总裁，与女主角的恋爱故事爆火，粉丝数量飙升，隔三岔五就会上热搜，李文用关于李现的题材，很容易引起李现粉丝的注意，并且标题中带上了李现的话题，李现的粉丝在这个话题里就可以看到他的视频，他很好地利用了这一点。

第二大法宝是要有高强的互动性，在热搜的话题下点赞、转发、评论都是互动的方法，互动率越高，被注意到的机会越大。就张艺兴为港警发声这个事件来说，如果用我们自己的视频来蹭这个热点，就不太好蹭，这时候就可以通过转发评论来蹭了。中国经济网发了这件事情的经过，并配文"过分！乱港分子利用张艺兴身份证申请器官捐赠，张艺兴妈妈发博：我不怕你！爱国爱家是每个中国人最起码的做人准则"，这样的评论很显然会引起关注。

怎么巧妙结合话题

要如何制造热搜呢？首先，我们可以利用相关的话题，来自己制造话题。我们发现，我们自己制造的话题只要和原本的话题很相近，多个字少个字，甚至重复几遍相关的字，都可以被自动收录，放进相关的推荐里，这样大家一搜这个话题，你的话题就会出来。比如我们搜索"开学"，可以看到"开学季""开学了""开学啦""开学开学开学"这样类似的话题。所以，我们可以通过改变热搜的几个字来创建话题热搜。其次，就是要捕捉到周围人总讨论的一些事，从而来制造热点。前段时间，"第一批90后已经30岁了"为大家所感叹，还有类似"看过这些动画片就证明你真的老了""玩过这些游戏的都是90后"这些话题特别容易引起怀旧情绪。捕捉到这些大家在讨论、感叹的东西后，就可以制造一些带有标签性的热点，比如"我们90后""致90后""90后老叔叔老阿姨"这类话题，特别容易带入情绪，而且观看的人群更有指向性。

最后，有四点需要提醒大家，第一点是蹭热搜的速度一定要快，越快越容易制作，引起的关注度越高；第二点是在涉及政治问题时一定要谨慎，不要轻易去碰；第三点是蹭热点的话，内容一定要积极向上；第四点就是注意不要侵权。避开这四个雷区，你的视频才能健康成长。

热点之所以是热点，是因为它有一定的意义，一定是很多人都在意的事情。"在活生生的现实里有很多美的事物，或者更确切地说，一切美的事物只能包括在活生生的现实里……"俄国哲学家别林斯基如是说。短视频的主旨就是记录美好生活，我们在制作短视频的过程中一定要多去发现世界的美好，怀着一颗美好的心，想着美好的事物，做出来的内容也会是美好的，这种美好更能触动人心，观众更愿意去关注你，你带给别人美好，别人也会反馈你一份美好。

第 3 节
热点：学会加速度

蹭热点是推广短视频的一种手段，本书将热点分为两大类：固定热点和突发热点，将固定的节日或随时发生的新事件，与我们的短视频相结合，再通过话题的分类，给短视频标题加上热点的关键词，使感兴趣的用户通过这些关键词关注到你的短视频，会使你的视频拥有流量。

其实，在不少时候，可能我们制作的短视频内容丰富有趣，却得不到大数量的关注与点赞，也就上不了热门。上一节给大家介绍了如何蹭热搜，这一节要教大家的是如何蹭热点。

那么首先我要问大家一个问题，什么是热点？热点指的是比较受广大群众关注的新闻或信息,或者某段时间引人注目的问题。那有些人就会问,我们做自己的短视频不好吗,为什么要去蹭热点?上一节讲的蹭热搜还不够吗?其实,蹭热搜蹭的是已经上热搜的热搜,而热点,不仅仅局限在热搜中。蹭热点有两个好处,一个是可以使你的短视频在某个时间迅速传播开来,另一个是可以让你的短视频迅速成为爆款。如果你的短视频与热点相关,那么就会使关注这些热点的人关注到你,这就能使你比较容易地得到流量。蹭热点,是你的短视频引起关注的助力器。

固定热点:固定热点日历

热点分为两大类,第一类叫作固定热点,也就是国家的法定节日和每年的特定事件。法定节日比如新年、中秋,特定事件比如 G20 峰会、奥运会之类的。对于我们来说,这样的日子都是提前就知道的,有充分的准备时间;对于大众来说,会去重点关注这些日子;对于所有人来说,这些事件都有持续性与固定性。

在抖音上搜索"情人节"的话题,可以看到#情人节有 71.5 亿次播放,#情人节礼物有 15.1 亿次播放。

"办公室小野"以在办公室做出各种好吃的成名,在情人节这天,她做的食物是少女主题的甜食,配文是"情人节快乐!小野巧克力气球宴,直男过节标准答案!"

"多余和毛毛姐"在情人节这天的主题是七夕情人节没收到礼物怎么办,同样也获得了不少的点赞量。

但你以为仅仅是这样就可以借着热点的东风直上了吗?并不是!对于固定热点,有一个很大的问题就是很多人都会选择这个时间来蹭热点,所以我们要做的,就是在这些固定热点上加上自己的创意。

比如"多余和毛毛姐"的这条视频继承了多余和毛毛姐一贯的犀利又搞笑的风格:"七夕节快到啦,很多朋友问我,男朋友不送礼物的话,那该怎么办?一般收不到礼物的朋友呢分为两种,第一种是没有男朋友的,第二种男朋友比较抠的,为了躲避送礼物,很多男性同胞会编造各式各样的理由,有的会说忘记了,他真的忘记了吗?他就是抠没什么好讲的,就是抠,还有的会说下次吧,你和他好得过今年吗。我觉得广大男性同胞有必要向女性同胞提供七夕当天发朋友圈的素材,你不送她礼物,她拿什么东西发朋友圈啊?别人女朋友都能发朋友圈,就你女朋友没得发,赶紧给她买!如果你的男朋友问你他送你礼物,你送他什么,你应该立刻反问他,你拥有了我,难道你还不满足吗?压力又回到他的身上，搞得他满头大汗，惊慌失措，最后哈，我奉劝大家一句，七夕虽好，可不要贪杯哦。"这条视频的转发量达 18 万之多，可谓是引起了女同胞们的共鸣。

再举一个例子，一个叫"惊人院"的用户做了这样一个视频："情人节这天，鹏鹏得到一把剪刀，一拿起来就能看到人身上有红线，他好奇地剪掉女神的红线，只见她立刻打了个电话说'喂，我们分手吧'，难道这是月老的剪刀，能剪掉姻缘？没想到这时小吴过来安慰她，发现小吴身上的红线开始延伸到女神身上，鹏鹏果断减掉，女神就让小吴走开。可不一会又出现了红线，鹏鹏就这样剪了一次又一次，没想到剪断了自己与女神的红线，伤心的鹏鹏决定今晚去街上剪剪红线，你觉得哪里合适呢？"这一条视频是站在单身同胞们的立场上制作的，点赞数达到了 100 多万。结合这两条视频，我们可以看到，虽然都是关于情人节的，但立场和创意各不相同，所以在蹭这种固定热点时，也要有创意，要别出心裁，这样才能达到想要的效果。

突发热点：快速跟随的几种方式

第二类叫作突发热点，也就是突然受到大众关注的娱乐新闻或社会事件，比如黄晓明的"明学"之类的事件。对于这种突发性热点，需要迅速追上它的脚步，而且这种热点是没有固定时间的，但较固定热点来说更具有爆发性，流量很大的同时需要有快速识别和创作的能力。

前段时间很火的一个电视剧叫作《亲爱的，热爱的》，这个电视剧让剧中饰演韩商言的李现瞬间成为国民男友，抖音上出现了各种关于李现的话题，播放量达199.4亿次。用户"新闻主播欧文浩"的创作是站在女朋友都迷上李现的广大男性同胞的立场上的："李现，我告诉你，我忍你太久了，你处对象归处对象，你跑出来撩人家其他女生算怎么回事儿啊！我们这些兄弟找个女朋友容易吗？好家伙你一勾手啊，全都屁颠屁颠连跑带颠去看你了，一天天啥也不干，就看你搁这块傻乐，看完正片看预告，看完预告看花絮，大夏天40多度让我们穿黑不溜秋的长袖长裤，你说她们这干的是人事吗？我告诉你啊，秀恩爱我不管！但是你要撩着我女朋友，我跟你没完！你听见没！"这条视频的转发量达14.7万，为什么这么多大家都懂得。

还有这季《中餐厅》的店长黄晓明，在节目中的行为让人迷惑，语言雷人，大家称之为"明学"，很多人捕捉到了这个热点，于是创作了很多有意思的视频。"宏斌站起来了"结合黄晓明的语录，发布了以"我觉得我得学学黄晓明"为主题的视频："我觉得我得学学黄晓明，这种盲目的自信和霸道是我极度欠缺的，以后碰见心动的女生，她要是觉得我不是她喜欢的类型，我就告诉她，我不要你觉得，我要我觉得，我觉得你得跟我在一起，都得听我的!"

另一个视频是"如果你有一个像黄晓明一样的朋友"。A："我们去哪玩要不要讨论一下呀?" B："这个问题不需要讨论，都听我的，我说了算。" A："好吧，那你给我指条路我怕我走错。" B："不要让我给你指路，这是你的问题，走错路也是你的责任。" A："那你要这样我觉得我们没法去了。" B："不要你觉得，我要我觉得，给我往前开。" A："前面的路不让走呀。" B："买，路也能买，给我买。"下面的评论都反映太搞笑了，这些都是很好的结合热点进行创作的方式。注意一定要快速创作，因为这种类型的热点持续的时间也是非常短暂的。

上面教了大家热点的分类，下面就来详细说一下怎么蹭热点。首先，我们要在热点刚刚成为热点的时候就立即

创作，这样平台也会推这样的内容，但如果已经稍稍晚了一些，也不用担心，想办法从其他角度进行创作，比如反转剧情的短视频。其次，要分析受众，比如李现面对的就是年轻的男生女生，什么样的用户会对这个热点感兴趣，这类用户的基数有多大一定要了解。再次，创作一定要与热点相匹配，否则没有什么用。最后，要看这个热点是否具有话题性，你的创作要有一定的讨论度和转发量才可以成为热点。

好了，说了这么多，重点来了，从哪里找热点呢？在这里向大家推荐五个追热点的软件：营销日历、今日热榜、新榜、5118热点追踪、知微事见，这五个软件是我总结出来比较好用的软件，一定会对大家有所帮助的。

第 4 节
社群：怎么把粉丝转化成私域流量

社群，简单来讲就是一个群体，但是它有自己独特的表现形式。它要有社交关系链，不仅是拉一个群这么简单，而是基于某个需求或爱好将大家聚合在一起，比如考研群、二手交易群、早起打卡群等，我们认为这样的群就是社群。

社群分为很多类型，如产品型（iPhone 粉丝群）、功能型（二手群、租房群）、魅力型（干货分享、罗辑思维）等。虽然种类很多，但是不难看出，一个社群得以发展的基础，就是大家有共同的爱好或需求。

从做短视频吸粉到建立和运营粉丝社群的整个流程，其实非常简单明确：通过优质的短视频内容来获取用户关注，积累了一定粉丝之后，可以在抖音主页、视频留言区发布微信号或 QQ 号，通过微信或 QQ 建立粉丝群，把他们变成真正有价值的粉丝，你也可以专门开一个小号来经营你的粉丝群。

一般来说，对于签了 MCN 的抖音创作者，都是由公司去建立和运营粉丝群，他们有专业的运营团队。如果你是个人的话，就需要学习社群的运营术，粉丝社群是一个非常好的导流和变现的渠道，谁能够完整地打通由内容到社群的整个环节，那么谁就拥有了很好的竞争优势。

为什么这么说呢？因为社群经营好了，就能把粉丝转化为你的私域流量。

从做内容的角度来讲，你可以在社群里进行选题、标题甚至是文案的投票和征集，集思广益，让你的粉丝告诉你他们想看的东西。这样一来既多了跟粉丝的互动，让你的人设更加亲民，还能够准确地把握住粉丝对内容的期待，同时也可以在更新视频后第一时间在群里呼吁粉丝去点赞、留言互动和转发，这样可以提高视频的互动率，由互动率再来带动播放量。

从社群运营的方法来讲，短视频这个风口似乎为社群打开了一种新的运营方式：可视化运营。

通过抖音火起来的"丽江石榴哥""牛肉哥"等这些个人IP，通过视频向用户展现自己的正面形象，他们或是好物低价的良心商家，或是为家乡农产品发展做贡献的有志青年。这种基于人格化的价值流量正在慢慢成为主流，其实就是树立个人品牌。个人品牌一旦树立，那么用户就是为你这个人买单，你所推荐的产品自然能得到信赖。

粉丝数量和内容生产能力是社群可视化运营的关键，一个好的IP一定是三观正、真实表达、具有人格魅力的。IP的打造不是以投入多少钱来计算，而是以你得了多少人心来计算。IP打造离不开社群平台给予的支持，作为一个个体，我们需要结合短视频平台的属性来制定自己的IP打造策略，内容是核心，可视化运营下你的内容就是吸粉利器；第二大核心是粉丝数量，粉丝越多越表明你在平台有话语权，变现自然会容易很多。

可视化运营好的结果是打造出一个又一个带货王，一个好的人设一旦打造成功了，那么你向你的粉丝推荐一些质量好的商品，只要价格在他的能力范围之内，那么他通过你的推荐去购买的可能性就非常高，李佳琦就是很好的例子。

无论是在微博还是抖音，美妆视频都不计其数，为什么李佳琦能够在 2 个月内抖音吸粉 1400 万 + ？

首先他拥有鲜明的特色，李佳琦那咆哮式的魔性嗓音反复给观众们洗脑："oh my god！这也太好看了吧！"，"买买买！必须买！"其次就是在美妆领域的专业和以身试色的态度，一次直播中他连续试涂 380 支口红，涂到嘴巴失去知觉；一年 365 天几乎每天都在直播……因为人设打得好，所以他在跟马云 PK 的时候能够 15 分钟卖掉 15000 支口红，以至于口红届都流传"天不怕地不怕，就怕李佳琦说 oh my god！"这一金句，可见社群可视化运营的效果。

粉丝社群搭建好开始运营之后，还需要注重去维护它。维护方法有很多种，定期在群里发放福利、抽奖，过节日发红包等都有助于保持粉丝群的活跃程度；更为重要的一方面是要多和粉丝进行互动，不论是在作品的评论区积极回复留言，还是回复私信，都会给粉丝一种被重视的感觉，你重视他，他自然会更加重视你。

第 5 节
留言：短视频是另一个世界

在短视频留言互动区中去留下你的痕迹。

如果说短视频是一个世界，里面既有神话人物在经营他们的人设，也有平民百姓去抒发他们在生活中真实的喜怒哀乐。那么留言区就是这个世界当中的一个个社区，这个社区里的人们围绕某一问题聊天、相互讨论，很多时候，看个视频十几秒，但是刷留言却会刷几分钟。在这个小小的社区里，你不会感到孤独，不会感觉自己是一个异类，人们可以近距离交流，去找到自己的同类。

怎么运用留言区

在这里,你不仅仅可以找到归属感,还可以通过一些行为火一把,并且让整个世界的人都认识你、知道你并且关注你,就像"孟婆十九"的评论区曾打动了很多观众:有一个女孩的留言是这样的,她是姥姥收养的孩子,她的姥姥这辈子过得很辛苦,希望孟婆可以给她的姥姥在孟婆汤里加点糖,让姥姥忘记所有痛苦的回忆,来生做一个幸福的人。"孟婆十九"在下面评论,"放心,已经给姥姥的孟婆汤里加了糖,姥姥下一世会过得很幸福,有爱她的另一半,有优秀的孩子们,姥姥让孟婆和你说,把你养大,是姥姥这辈子最幸福的事。"

"孟婆十九"的这条评论点赞人数几十万,也给她带来了庞大的粉丝流。为什么这条评论会使得孟婆十九红了?因为她的这条评论戳中了很多粉丝心坎,而且很有新意。在多数人评论女孩的故事很感人的时候,"孟婆十九"讲了一个故事,足够引人注目,而且这个故事的内容也是大家心中所希望的。

留言区是短视频作者与观众以及观众之间交流互动的空间,如果把握好了,可以引起观众情感共鸣,就是吸粉的好机会,并且借这种吸粉机会吸引的粉丝,是更有情感互通更忠实的粉丝。

通过评论区的互动,来告诉粉丝你是谁,你是做什么的,在产出内容的同时,形成自己鲜明的人设。在短视频世界中,同样需要关怀,在人生的所有维度,人与人之间的感情都无比珍贵。评论区就是我们与粉丝建立感情、维持感情的桥梁。

怎么靠给其他人留言增粉

任青安被称为"抖音美女鉴定机",是因为他只给美女点赞,在他的喜欢列表中都是美女小视频,于是他被贯上了美女鉴定机的称号。

在全民互动性越来越强的时代下,某些领域的 KOL 显得更加真实,更加亲民。任青安只给美女点赞,在他的喜欢列表中都是美女小视频,于是就吸引了更多喜欢看美女小视频的粉丝关注。关注了"美女鉴定机"任青安,就相当于关注了抖音美女圈,因此,他的吸粉力超强。作为一个 48 岁的大叔,在他点赞的美女视频下,他往往会评论"我已经关注你了"这样的话,于是大家对他的印象就是"一个猥琐大叔,想撩妹",他的评论虽然看起来简短没意义，但他只专注于一个类型，一句话，积少成多，才在用户心中确定了他的人设，从而增粉。

抖音上还有一位年纪稍长的爷爷辈儿网红，他的爆红是因为总在美女视频下评论"叔叔给你刷游艇""叔叔很喜欢你"这类话，这时就会有别的用户在评论区怼他"大爷，您还是回家找大妈吧"。

这样一来一往的互动让大家觉得很有意思，也会有很多人觉得大爷这样的评论很搞笑，毕竟大爷已经一大把岁数了，但这样的评论却很吸引大家的眼球。

在评论时，我们也可以利用这种反差的形象来突出自己的人设，这样更容易让大家记住你，对你感兴趣，从而愿意去关注你。

成功的方式有千百种，你可以做视频营销自己，也可以通过留言点赞来塑造自己的形象，给自己更多角度的定位方式。你可以选择你喜欢的方式表现自己，用适合自己的方式塑造自己，这是这个时代给我们的专属礼物。

人们形容爱情时总会说"你是无意穿堂风，偏偏孤倨引山洪"。你是一阵无意间闯入生活的清风，但在我心中却引起了山洪般波涛。这句话放在这里也同样适用。一句评论，你只是坦率地表达了自己的情感，点评了视频的内容，但是社区中的小伙伴就被你说的那句话逗乐了、感动了、刺激了，于是点开了你的主页，关注了你，粉丝越来做多，以这种方式增粉的 IP 眼下不在少数。

在自己或他人的视频留言区进行点赞和评论，利用具有自己特色的评论来给自己确定人设，是增粉和引流的好办法。

第 6 节
分析：通过复盘把经验变成能力

为什么要分析数据

同公众号写文章看阅读量、贴吧发帖子看浏览量一样，短视频也有自己的数据，也就是上文所介绍过的播放量、点赞量、评论量、完播率、点赞率、互动率等。要想做出爆款短视频，必须要学会分析数据，通过复盘把你的经验变成你的能力。如果你最初发布的短视频的火爆具有偶然性因素，那么要想在后期能够持续抓住用户的眼球，想要一直火下去，就要有足够的内容创造力和创新能力。所以，发布短视频之后的数据显得尤为重要，只有将每一期作品的数据放在一起进行分析，从结果导向出发才能保证后面的内容越做越好。

必须学会分析数据的原因有三：第一点原因，我们需要用数据检验内容质量，帮助我们做内容。一个短视频是否火爆，简单来说，我们可以从两个维度来判断，第一是在平台甚至整个社会是否有很大的反响，这种反响通常最先体现为播放量有多少，点赞量能达到多少，有多少条留言，互动区的哪些留言单条点赞数最高。通常来说，在抖音、快手上能有几百万、几千万赞的视频都可称之为爆款视频。第二是对于刚起步的内容创作者来说的，他们可能只有几万的粉丝，平时的作品只有几千或几万赞，但突然有个视频获得了高达几十万、上百万赞，那么这个视频对创作者来说，可以说是一个爆款。

所以说，数据可以最直观地帮助我们去判断某个视频是不是好作品，可以帮助我们做好内容。

分析短视频的数据，可以看播放量，看是否被推到了更大的流量池。

可以看完播率和退出率，如果完播率高，那说明内容可以留住用户粉丝；如果退出率高，那就说明内容还不够吸引粉丝，可能是画面的问题，也可能是文案的问题，或者是标题和视频内容不符，"这是什么玩意儿？"一个不够好的视频,让用户看了会觉得被浪费时间,这样退出率自然也就高了。可以看平均播放时长,这样就可以知道用户退出视频基本是从哪里退出的,比如一个 1 分钟视频,平均播放时长 20 秒,那就需要我们分析 0~15 秒这段区间的内容是否还不能抓住用户?

可以看转发量、点赞量,我建议你除了分析自己转发量高的视频外,还可以多观察别人视频的转发量,分析为什么会引起转发,它抓住了用户的什么心理或什么需求。讲北漂、沪漂、深漂的视频转发量高,是因为其能引起大家的共鸣,可能是讲在北京一个月开销是多少,讲选择上海这座城市的原因是什么,或者是讲在深圳挤地铁早高峰是怎么样的体验等,这些话题可以很好地引起都市青年的共鸣,"这不就是说的我吗?转!"让人有共鸣,让人有话说,是一个视频能否火爆的关键。

除去情感共鸣类视频,还有一些科普类、干货类的视频也容易获得高转发高赞,因为一次性看不完,怎么办?那就先点个赞收藏起来吧,以后再看。这也是为什么那么多日常生活小技巧、××书籍推荐、××电影解说可以获得高赞的原因。再往上一个层次讲,我在前面也提到,现在的短视频不仅仅是平民在玩,官媒也在积极参与,央视新闻、人民网等官媒发布的关乎国家大事的短视频内容，通常都会是高赞视频，为什么能获得这样的数据？两个字，爱国；一个字，燃！所以，网友愿意去转发，愿意去点赞，愿意去评论区留言。如果你拍到或想做这样的视频，可以去分析其数据，会得心应手得多。当然，由于系统的推荐机制，也有很多好视频可能才几千、几万播放，那这究竟是哪方面出了问题了呢？这也就是马上要聊的内容方向和运营的话题了。

分析数据的第二点原因，我们需要依据数据调整内容方向。

无论你是一个人，还是有一个内容制作团队，都要选择自己喜欢且擅长的方向进行创作，比如喜欢做饭，那就开个美食号；喜欢打游戏，那就当个游戏博主；喜欢讲故事，那就尝试拍拍 vlog；喜欢旅行，那就讲讲路上见闻。

万事开头难，而对短视频来说，万事开头不难，但是开完头之后如何走下去，如何走更好，这才是难事。拿出手机开拍，粗糙剪几期视频试试水，这很容易，但接下来想要做好，想要做爆款，要火，就必须要去看播放量、点赞数和互动数。这样，你就可以简单判断出你的粉丝对哪些视频有兴趣,他们对你所做的内容方向最感兴趣的是什么,点赞高的有什么特点,留言点赞多的是什么内容。

你可以做一个简单的总结,总结出一般性的特点,接下来的视频就根据你的总结来优化,这样做下去,你的内容才能做得更好、更精准、更对粉丝胃口,毕竟在短视频这个赛道要做得垂直、专业、有趣,才能够吸粉,才能快速迎来你的高光时刻。

分析数据的第三点原因,我们需要依据数据反馈优化运营。

运营是我们做短视频最应该重视的环节。没有运营也能火,自己的号已经火了,但是从来没做过运营,千万不要这么想,运营的思维和技能是无处不在的,比如你发布短视频的时间,你的文案要怎么写,你对粉丝的留言要怎么回复,这些都是做运营需要考虑的。

没有资金请别人来做运营?那也可以!无论是个人还是团队,我们完全可以通过数据去优化运营。

我们可以根据不同平台的特性来发布视频,同时研究和记录自己的所有视频发布时间和对应数据,这样可以总体得出哪个时间段发可以获得更高的播放量。有意思的是，当你特意去观察你的短视频的数据时，你会发现短视频的爆发点通常是有规律的，而具体要怎么寻求规律，进一步优化运营，这就需要借助一些数据工具，我在后文会详细介绍。

除了可以分析最佳发布时间，还有什么运营攻略是和数据相关的呢？还记得我们在前面讲到的如何设计好的文案、标题等内容吗？你的三个短视频，在相同时间段发布，讲的内容差不多，为什么会有不同的数据反馈？这时，你可以通过播放量、点赞量和留言互动数来分析是不是标题、文案、字幕、背景音乐等的差异导致有的视频成了爆款，有的视频则平平无奇。

另外，由于短视频平台太多，我们是否要在多渠道多平台同时分发内容，也是运营需要考虑的问题。究竟是在有好数据的平台下功夫，还是全网铺开，在抖音、微视、B站、微博、美拍等平台同步更新呢？这就需要你对自己的渠道运营侧重点做决策。如果团队力量雄厚，可以在各个平台铺开，如果人力不够，则可以考虑先选取几个最热的平台发布相同内容，再去看各自的数据，然后根据数据反馈来做决定。如果该类型内容在某个平台有不错的表现,那么你可以继续在这个平台精细化运营,但如果你的内容在平台 A 上表现不错,在平台 B、C 上数据很差,这时候就可以考虑暂时搁置在平台 B、C 上的核心运营。

常见数据分析平台

数据分析这么重要,要如何分析呢?

初期可以先人工观察和记录数据,得出大体结论即可去调整内容方向和优化内容。

但如果你下定决心想要做好短视频,且有一定的余力精耕细作,那么我建议你使用专业数据化分析工具,用大数据指导我们更好地做内容,少走弯路,事半功倍。

下面,我将为大家推荐一些还不错的数据分析平台。

第一款是飞瓜数据平台,飞瓜是一款专业的短视频数据分析平台,功能很齐全,可以做单个短视频号的数据管理,查看日常的运营情况;也可以对单个视频做数据追踪,知晓它的传播情况,也能在平台上查看到热门视频、音乐、短视频达人、电商带货情况等。对于运营短视频的朋友来说,这个平台各方面功能都齐全,比较实用。在飞瓜上,你可以看到每半日、每日、每两天、每周、每月的不同领域的最新热门短视频，你也可以自行通过热词、账号搜寻查找你想要的视频内容。如果你不懂得加背景音乐，飞瓜数据平台有专门的热门音乐热度数据走势图，你可以收藏起来。

飞瓜的基本功能是免费的，但部分功能受限制，可以充值会员，增加权限。

第二款是抖大大，该平台的排行榜分类细致，分为红人榜、粉丝榜、新锐榜、掉粉榜四个榜单。红人榜可帮助你找到头部优质账号；粉丝榜可帮助你评估自己的账号和优质账号的差距，及时学习，调整账号的内容和排版；新锐榜可以帮助找到潜力账号；掉粉榜帮助商家排除账号表现不稳定的账号，对上榜的账号则起到警示作用，反思自身内容，及时调整方向。同样，它也支持抖音热点追踪，追踪热点视频和热点音乐，帮助用户迅速找到最热门的内容。抖大大可以做抖音号之间的对比，可直观展现几个抖音账号的粉丝数据，帮助用户找到自己的账号和头部账号差距，帮助商家直观地看到几个账号的热度差异。视频之间的对比可直观地展现几个视频的热度差异，找到热度更高、数据表现更好的短视频。在电商方面，也可以通过抖大大去了解每日各领域出售的商品热度及带货达人的数据。

该平台免费,但是有些功能受限制,充值会员可以获取全部功能。

第三款是新榜抖音排行榜。新榜最初是做微信公众号排行榜的,有丰富的数据资源库,随着短视频的火爆,现在也开通了抖音号排行榜,目前能查看到大约19个领域前50的抖音号,包括娱乐、科技、汽车、美食领域等,有日榜和周榜两种形式。

第四款是Toobigdata,主要的数据功能都可以使用,还有账号诊断等,对行业细分也相对更加精细化。在Toobigdata上,单独的抖音号详细数据也都能查看到,比如粉丝点赞量最高的视频、带货数据等,平台首页还设有抖音官方资源平台的入口,比如:好物联盟、星图平台等,方便卖货商家使用,也有第三方MCN等平台入口。

最后一款要介绍的是卡思,它是国内权威的视频全网数据开放平台,依托专业的数据挖掘与分析能力,为视频内容创作者在节目创作和用户运营方面提供数据支持。

运营加速度成长
复盘

为什么要分析数据?

- 数据可以最直观地帮助我们去判断某个视频是不是好作品,可以帮助我们做好内容

- 我们需要根据数据调整内容方向

- 我们需要依据数据反馈优化运营

常见数据分析平台

第 5 章

短视频变现的 6 种方式

人人都能做出
爆款**短视频**

越来越多把握媒体发展趋势的人将发展方向转移到短视频领域，短视频当然不负众望，不管是广告变现、电商变现、直播变现，还是课程变现、咨询变现、出版变现，短视频都"法力无边"。

互联网的规则——流量为王，而短视频如今已是流量的集中地。伴随短视频的高流量，以及变现方式操作成本低的优势，短视频变现方式越来越多。

第 1 节
广告变现

随着互联网平台由 PC 端向移动端的发展,广告平台也由搜索引擎主导的搜索关键词广告转变为手机移动端的信息流广告。

抖音、快手等互联网平台借助其庞大的日活用户数、高用户时长,开屏广告、信息流广告的收入有着巨大的发展潜力。

为何短视频信息流广告有着如此巨大的发展潜力?

因为在快节奏的短视频时代,用户的核心注意力都在向短视频转移,传统硬广的投放和社交媒体的玩法已经落后,现在品牌营销的关键是能够通过流量、KOL 等方式实现变现。

短视频领域的流量变现，涉及多方，如广告主、广告代理商、内容创作者、广告平台商等。

广告主，美其名曰"金主爸爸"，也就是给我们打钱、提需求、需要发广告的一方。

以前的广告主，多在电视平台、网络播放器上投放广告，而现在的短视频相较于以往的传统广告，预算成本低，投放更精准，可以用更低的价格达到更好的广告传播效果，因此，越来越多的广告主选择在短视频平台上投放广告，广告变现成为短视频内容创作者变现的最主要方式。

有些小广告主会和短视频创作团队直接沟通，但大型广告主仍然选择同广告代理商合作，因为代理商比内容创作者更懂商业，他们不仅对接短视频渠道，还会去分析哪些渠道适合什么广告，是做搜索广告好还是信息流广告好……他们有资源有能力最大化利用推广资源，也会给到广告主一些返点优惠政策和广告拍摄、制作等配套服务。所以，通过广告代理商投放广告仍然是广告主们比较青睐的方式。

除了广告主和广告代理商，广告平台商也在整个流程里担任了重要角色。

抖音的官方推广任务接单平台——星图平台，其主打功能就是为品牌主、MCN公司和明星、达人提供广告服务，这个平台的盈利模式则是从成交的广告合作单子中收取分成或附加费用。

很多广告主会通过星图提出需求，平台里会有专门的服务商来为广告主寻找、匹配合适的达人进行合作。

在合作前，星图平台会先把待合作的达人粉丝数量、定位风格、接单情况、视频播放量和点赞量等相关信息提供给广告商作为合作参考。

星图服务商会为广告主提供专业的营销服务，帮助其策划内容，完成广告主的商业品牌宣传需求。

如果你的粉丝超过10万，就可以自行在星图上以达人身份入驻，你可以根据自己的创作能力和时间精力自主接单，一支广告视频的时长一般为15~30秒，对应的赏金根据广告商要求的时长、剧本人物、道具和场景等的不同由低到高，一般最少都能有几百元一条，最高就没什么限制了，几十万元上百万元十几秒的都有。

独自一个人运营、接广告，与广告主谈需求，有点消耗精力，不够专业，但另一方面来讲，也只有你自己才最懂自己的内容适合和什么产品合作。

如果你们是一个团队，那我建议要有专人负责商务，一方面，根据自己内容创作的特点去市场寻找相匹配的产品，与相应公司沟通广告合作；另一方面，在有广告主找上门时，商务要给出与其产品相匹配的内容创作方案，在广告的形式、时长、广告费等方面进行谈判。

另外，在这要提的是依靠MCN接广告。

"MCN模式源于国外成熟的网红经济运作，其本质是一个多频道网络的产品形态，将PGC联合起来，在资本的有力支持下，保障内容的持续输出，从而最终实现商业的稳定变现。"简单来说，MCN就是一个艺人内容创作者的矩阵，它可以帮助达人保持、提高创作力、运营力、变现力。

MCN分为两类，一种是头部驱动型，比如专门生产游戏视频，自己做游戏视频平台；另一种是组合型，组合不同的优质内容。

近两年，出现了无数 MCN 公司，争相和媒体方签订框架合作协议，到处收揽优质的创作者为自己填血，所以，如果你还是个人创作，不妨加入某合适的 MCN，加速你的成长！

好了，介绍了这么多概况，我们来看看短视频广告的几大形式以及头部创作者们是怎么利用广告变现的吧。

软广视频

软广视频，大多以能驱动人心的文字和用户产生情感共鸣，一般来说视频进入煽情阶段之后是植入软广的最佳时机，将产品融入广告里，更加注重引导用户的转化。一些专门做某个领域的创作者往往会接到相同领域的软广，会取得很不错的转化效果。

比如，专门做美食题材的抖音博主会接一些橄榄油、厨房电器等与美食素材相关的软广，比如博主"贫穷料理"专门在一期视频中突出了一下做菜用的油是某橄榄油，这种软广往往会让读者觉得毫无违和感，所以可以取得很好的转化效果。

冠名视频

冠名视频是广告主为了提升企业和产品的影响力而采

取的一种阶段性宣传策略。我们看的综艺节目的冠名形式有：片头标版、主持人口播、演播室放置广告标志等，而在短视频行业，通常体现为字幕鸣谢、添加话题、添加挑战、特别鸣谢等，这与软广相似，但相比之下，冠名广告视频会更强调广告主的品牌。

短视频行业目前出现的冠名广告还比较少，2019年618电商节的时候，京东专门在抖音上冠名发起了一期抖音挑战赛："抖出你的家乡味"，在活动期间一共获得超7.4亿的播放量，成功抢占了电商"营销C位"，冠名广告的成本比较大，所以一般都是行业巨头才有实力去做这样的宣传，从京东这次的案例可以看出，短视频营销有巨大潜力。

贴片广告

贴片广告指的是在视频片头、片尾或插片播放的广告等。贴片广告是创作者制作成本较小的一种广告形式，一般广告内容放在视频片尾，时长为5~10秒，不会影响创作内容本身，而且这种片尾植入软广的形式比较容易被广大用户接受，效果往往比较好。

目前视频博主一般都采用这种贴片的形式接广告，一方面不会打乱自己本期视频的文案和节奏，另一方面也利用片尾的 5～10 秒给广告主的产品做足了宣传。比如做北漂题材的抖音博主"羽仔"接的西门子、肯德基的广告都采用的是这种形式，视频内容完全不受影响，大大方方打广告，很受用户的认可。

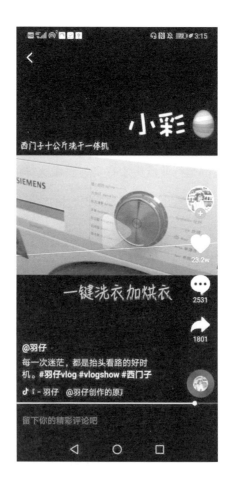

代言广告

代言广告是为某一款产品代言,当然,这种形式要求你有很大的流量,这样你才有"代言"资格。

像前段时间爆火的"口红一哥"李佳琦就成了很多大牌美妆的代言人,美妆商家有新的产品,或同一产品上了新的型号和色号,都会邀请他来做一期案例视频,就相当于是给这个产品代言,疯狂给粉丝推荐。

最后,我想提醒大家的是,广告植入时必须要关注用户的体验,现在的短视频互动性更强,用户参与度更高,广告商的产品是否知名正规、视频内容是否会影响用户体验等都是在变现过程中必须把关的问题。要知道,用户对于广告植入并不排斥,只要你的视频足够有创意,广告植入够新颖,用户还是很乐意买单的。

短视频变现
广告变现的几种模式

> 在快节奏的短视频时代,用户的核心注意力都在向短视频转移,传统硬广的投放和社交媒体的玩法已经落后,现在品牌营销的关键是能够通过流量、KOL等方式实现变现。

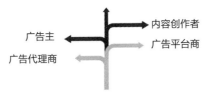

短视频领域流量变现涉及角色

什么是MCN模式

> MCN是一个艺人内容创作者的矩阵,它可以帮助达人保持、提高创作力、运营力、变现力。MCN分为两类,一是头部驱动型,如专门生产游戏视频,自己做游戏视频平台;另一种是组合型,组合不同的优质内容。

短视频广告的几大形式

第 2 节
电商变现

电商，顾名思义，电子商务，可以称得上是互联网时代新型贸易模式的标志之一。电商产生于互联网时代，自产生就开始流行，至今没有衰落的趋向。

区分一类电商与二类电商，差别在于购买平台的直接性。淘宝、京东等平台是一类电商，抖音等短视频平台其实就是二类电商。在这种模式下的变现，就是二类电商直接跳转到一类电商平台上。短视频平台作为一个入水口，与淘宝、京东等合作，为其导流。

短视频电商属于内容电商，创作故事内容，在消费者没有防备的情况下输出产品特性，给消费者"种草"，激发其购买需求。比如"生活好物派"的抖音营销，软植入的方式防不胜防。

"生活好物派"以"三伏天不适合吵架……"为标题的视频：场景是情侣吵架，女生要去购物，男生睡着了，女生说出门前不能忘记给他盖被子，然后打开电热毯，空调调成制热30度，然后把电热毯遥控器、空调遥控器、车钥匙、手机、男生钱包的钱都放进"小包"里，背包出门购物了。视频左下方有购物车链接标志"视频同款迷你小包包"，点击链接可以直接跳转到淘宝平台进行购买。以短视频的形式呈现，没有直接推销小包包，而是以故事"三伏天不要吵架"的方式，既表现了小包包容量大能装东西的特点，也没有硬生生直接推销。讲故事带动了评论点赞，视频热度高，但其实最终目的是卖包，观众明白"醉翁之意不在酒"，却也仍然享受视频故事的趣味，喜欢就加入购物车、立即购买，推销到位，不喜欢就看个热闹，评论一句故事好玩儿也没有问题。其中变现与视频的完播率其实是互相促进的。爱购物的观众看到左下方购物车的标志"迷你小包包"也想一探究竟，想看看是怎样的迷你小包包，于是等着视频后面出现，完播视频。

第 5 章 短视频变现的 6 种方式

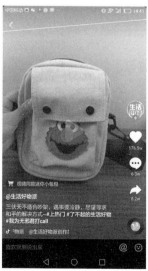

以上只是很平常不过的一个案例，短视频电商变现的商品、内容样式不计其数。

推荐大家学习"柚子 cici 酱"的内容视频，柚子姐姐推荐的每款产品都有不一样的故事内容，在情节中把产品的优点展示清楚，软植入不刻意并且吸引观众。

并不是所有的电商推销物品都需要故事情节串联才会有效。有些直接描述物品特点、开门见山的介绍，也是被观众接受的。这样的电商卖家其实就相当于直接告诉了观众：我就是来卖东西的，这个视频就是为了给大家看到我的商品有多好的。以人气好物推荐博主"鑫莹荣"的视频为代表："长头发的妹子千万别买！因为洗完又香又顺滑，男朋友都不撸猫了，没事就撸你头发，总是抱着你闻，连香水你都不用买了。用了它，你就是行走的香香公主。"视频左下方有一个购物车标志"视频同款点这购买"。以"千万别买"劝说观众要买这款洗发水，也是电商推荐的一种方式。

第 5 章　短视频变现的 6 种方式

"李予诺"的视频"摄影师：无论如何，我都能跟上你的节奏"，因为女主角的搞怪而充满趣味，一改往常穿搭博主换衣服切换的视频风格。虽然穿搭博主的视频模式大同小异，但是有创意、别致的视频更能得到观众的喜欢，这条视频相比于其他穿搭博主视频的点赞率更高，左下角的购物车图案配字"视频里的都在这里"标注也很明显地告诉了观众传播视频的目的。

电商功能是短视频兴起后功能特性的延伸，而后短视频变现就越来越流行，越来越多的博主以电商变现方式来为自己的账号带来更多收入。短视频电商变现的优点也越来越被大家认可：一是信息不对称，消费者在短视频的推荐下会选择买与不买，但是不会有对相同或相似产品的其他商家的选择；二是边看视频边做出选择，特点输出率高，转化率高。

"抖音商品橱窗"的建立方式如下：在抖音App中搜索"电商小助手"账号，点击发消息进入私信页面，点击左下角"申请入口"，从这里进入申请页面。之后出现"申请条件"页面，满足"发布视频不少于10个"和"实名验证"两个条件即可申请。审核通过后，在个人主页可以看见"商品橱窗"入口。

商品展示也就是"购物车图案"可以出现的位置有三个，在视频播放页出现、在视频评论区出现或者在主页橱窗出现。开通电商功能还需要申请"个人主页商品橱窗"权限，审核通过后前往解锁新手任务，完成新手任务后继续解锁"视频电商权限"，获得视频电商权限且同时具有直播权限的账号，可以自动开通"直播购物车权限"。如果未完成新手任务，权限会被收回。抖音关于电商模式的运营结构已经非常完整，运营操作系统也很清楚，具体操作根据手机提示步骤进行就可以完成。

第3节
直播变现

大多数人认为2016年是直播元年,这样的判断最大的原因就在于这一年很多直播平台拿到了融资,并通过线上线下并驱的途径不断进行自我包装和宣传。2016年互联网世界最大的特点就是:人人都是主播。

之后直播平台的发展势如破竹,歪歪直播、斗鱼直播、一直播、腾讯直播等纷纷崛起,这种娱乐模式从小众新奇逐渐普及开来,其火爆并不是一夜之间形成的,其中有非常深刻的市场原因,是广泛的市场需求与强大的资本系统助力的结果。在新技术驱动下,直播承载了越来越多的功能,在短视频世界中站稳脚跟。社交圈中一定会存在直播,直播在满足社交需求的同时,也可以传播文化知识。

而短视频兴起之时,有人觉得直播可能要凉了。后来两种模式的发展证明直播不会凉,而是与短视频的发展形成了共生关系。不应该是"直播 VS 短视频",而应该是"直播+短视频"的新型关系,两者在共生中也助力彼此走向成熟。

在抖音中开直播的意义何在?一是抖音功能空间的拓展,为内容创作者提供吸粉的新舞台,另外就是直播变现的吸引力,通过直播以最直观的方式表现商品的特点,从直播的时效性与交互性出发,最大限度地表现商品的个性与优点,与淘宝开辟直播功能是同样的道理,是二类电商平台跟进一类电商平台脚步的变现操作。

李佳琦与马云合作爆火的视频"#马云挑战口红一哥双十一马老师和我 PK 卖口红，被我'玩败'我一点也不骄傲，才怪！"直播中在李佳琦带货 1000 支口红时，马云老师只有 10 支的带货量。这个结果可想而知，也是理所当然的。李佳琦作为口红一哥，直播带货能力非常强，"oh my god"经典语气刺激消费者群体，加之李佳琦在美妆主播界积累的名气，这个带货量只是随意发挥的正常水平。但是请来了马云作为"配角"出演，当然马云在这里的存在不是为了带货。那马云出现在李佳琦的直播间，除了看热闹之外，你还应该看到——

　　抖音与淘宝的合作导流得到决策层的支持，一类电商平台与二类电商平台的经营合作关系得到了认可。

　　马云愿意来当"配角"，说明他对于李佳琦直播带货成就的认可，也对这种新型促销模式表示支持。

　　充分肯定了新时期下直播带货的发展趋势与引航可能性。

　　说明了被直播"种草"的消费者的广泛程度。

　　李佳琦完全可以作为短视频时代的标志之一，他在直播变现中的出色表现也在更多的具有社交属性的平台上延展开来,得到多方平台的认可与推崇,可以说是新时期直播变现的教科书。

李佳琦直播带货不是个例。2019年8月20日,"丽江石榴哥"直播卖货造就新经典,销售时长20分钟,卖出石榴120余吨,价值600万元,最高每分钟成交4000单。"感谢每一个支持帮助的朋友,感谢每一个信任的朋友,现在还有45秒钟,还有45秒钟!"评论区的"小心心"不断,石榴哥的订单也不断,直播卖货的石榴哥首战告捷,交出了惊喜的答卷。之前塑造的石榴哥的形象,加上平台强大的直播变现能力的支持,石榴哥的成功是这个时期应该有的成功,一定程度上"时势造英雄",同时石榴哥的商业价值也越来越大。

2018年11月7日,快手电商节"散打哥"直播日销售额达1.6亿元;

2019年,618大促销李佳琦3分钟卖出5000单资生堂"红腰子",销售额超600万元;

2019年8月20日,快手达人辛巴婚礼直播,收礼达1.3亿元……

直播变现力不容小觑。直播已经是每个带货IP不能放过的空间站。

成为直播带货强手,你也可以。

首先,尝试直播是很重要的,先有一定的直播粉丝,再在直播中分享商品,先入门再上楼,其间学习优秀的带货博主对于商品的表现方式等;直播不允许强买强卖,要有亲和力,在入门直播时就应该养成这种习惯;及时与观众互动,目的不是你讲出来,而是观众听进去;你可以有自己的直播风格,不用模仿任何直播大 IP 的人设效果;从小品牌到大品牌,从小单子到大单子,稳中求进……

第 4 节
课程变现

课程变现是最经典的内容变现方式,也就是"卖课",知识付费。

这同样是凭借短视频巨大的消费时长与变现力量出现的一种新型内容营销方式。博主应用自己的技能制作视频,比如"教英语口语的漂亮姐姐""实用的 PS、PR 课程""手把手教学摄影"等课程短视频的出现,短视频平台被赋予了学习型平台的新标签。

各种各样的技能、知识都可以拿来变现。"划脚怪 2 号"的跳舞视频,标题为"为什么徒弟发都火了,我这个师傅发都没有赞",上面配文字"学会了吗?"文字下面两个点击选项"学会了"和左下角"购买课程"。

视频左下方会出现"完整课程点这购买"的购物车标志，点击后跳转页面到课程菜单，提供不同的课程内容种类，付费观看下载，就是课程变现的实现方式。这是短视频流行下带来的学习交流、知识共享的新渠道，背后同样有广大的时长需求牵动，有卖的就有买的，能卖就肯定有人买。

这种方式很适合有专业知识、专业技能的学习型人才应用，最大限度地为自己创造价值。成本低而受众广则收益高。

这也验证了互联网的核心要义：流量为王。全媒体时代的所有资源都能在有人的地方被发现、被挖掘、被使用、被创造价值。有人的地方也就是有流量的地方。流量是平台营造的，也是经营者自己创造的。只要有流量，就有交互，就可以传达，就能够变现。

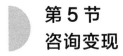
第 5 节
咨询变现

简书社区对于咨询有这样的评断：咨询是商业模型和底层逻辑对接的产物。咨询变现公式是让客户情不自禁下单。咨询的底层逻辑是让客户从当下状态进入到理想状态。

上述内容对咨询的特点有高度的概括性。咨询的道理就是：在交流中控制情感走向。只有咨询才能对于消费者心埋有理性且感性的把控，直播是从卖家自身出发促成消费，咨询是从买家情绪出发促成消费。

抖音中咨询变现的方式，对技能条件的认证和自我价值的营销与课程变现在一定程度上相同，不同的是，课程变现是卖方静止状态下买方动态寻求，而咨询变现是买方卖方都在动态状态下对接，互动的模式。

咨询变现对内容创作者的要求更高，在自身专业知识与技能硬核的基础上还应该具备咨询师的素质。一旦与消费者对接成功，利用好情绪牵引使其成为忠诚消费者，则带来的效益也有更大的可能性与持续增长力。容易理解，对于某方面知识的学习与掌握，如果有一个老师与我的交流让我感到很舒服，且知识技能的接收让我很受用，则我会持续向他讨教学习，与他维持师生关系。如果再选择其他老师，则还需要再磨合学习模式与交流体验，于我来说没有这个必要，这种模式的改变与切换反而会给我带来不好的学习体验。咨询的持久性效益就是如此。

第 6 节
出版变现

出版变现方式是运营系统成熟后创作者应用自身资质与经验写作出版书籍,以售卖书籍为盈利方式的变现手段,是短视频运营后端的高效收益方式。出版变现对作者素质和发行条件的要求都比较高,但同时带来的长期利润和整体收益更高。

书籍的出版短期来看具有时效性,长期来看具有时代意义、学习参考价值与延伸发展价值。

戴建业教授就这样做了。他在短短一周时间内火遍了全抖音,视频播放达到 3206.7 万次,获得 117.5 万次赞,这个有趣的老爷子以自己的个性和才华在白发之年依旧精神饱满,抖音也给了戴教授结识大众、人气飙升的机会。

戴教授"火"之前出版了著作《世说新语》会心录、《无官一身轻，谁解陶渊明？》等，因为老爷子的"火"，观众喜欢老爷子，对他的内容和故事感兴趣，所以喜欢他的书，抖音给了老爷子"推销自己"的平台和机会。教授"火"之后出版的著作也更值得期待，《一切皆有可能》《假如有人欺骗了我》等预发作品因为其抖音的人气而未发行就有了"预订买家"。

戴教授是将自己运营的内容整合后进行出版。另外，抖音等短视频平台的操作知识也可以进行出版传播。《短视频》等书籍的出版都是将短视频领域的内容集合处理而出版变现的范例。